Library

虫を食べる人びと

平凡社ライブラリー

Heibonsha Library

虫を食べる人びと

三橋淳編著

平凡社

本著作は、一九九七年六月、平凡社より刊行されたものです。

目次

はじめに……9
第一章　人はなぜ虫を食べるか……13
第二章　虫の食べ方……23
第三章　日本の昆虫食……30
一　昆虫食の歴史（田中　誠）……30
二　現代の日本で食べられている虫……48
第四章　グルメの国、中国の昆虫食……68
一　虫食いの伝統（茅　洪新）……68
二　食虫習俗見聞記（梅谷献二）……88
第五章　熱いアジアの昆虫食……112
一　アジア諸国の虫の食べ方……112
二　タイの食虫習俗今昔（桑原雅彦）……117

三　パプアニューギニアのサクサク・ビナタン……142
四　戦地でのサクサク・ビナタン食の想い出（鈴木芳久）……154
第六章　オーストラリアとオセアニア諸島の昆虫食……159
第七章　アメリカおよびヨーロッパの昆虫食……173
一　北米インディアンの昆虫食……173
二　高まる昆虫食への関心……179
三　昆虫の宝庫、中・南米では……185
四　メキシコの多彩な昆虫食とレストラン料理……192
五　食虫途上国、ヨーロッパ……204
第八章　アフリカの昆虫食……206
一　昆虫消費大国……206
二　ベンバの人たちの食べる虫（杉山祐子）……227
第九章　虫の栄養……263

第一〇章　これからの昆虫食……273
おわりに……285
平凡社ライブラリー版　あとがき……287
解説——昆虫食の多様性と奥の深さ　小西正泰……289

執筆者名のない部分はすべて三橋による。

はじめに

人類が地上に出現した頃のヒトの主食は昆虫だったといわれている。それ以来昆虫食は世界の各地で連綿として続いているが、多くの地域ではマイナーな食料となっている。しかし、最近世界各地の研究者の間で、昆虫食が注目されるようになり、昆虫食に関心を持つ人たちのためのニューズレターも発行されるようになった。それはどうしてだろうか。世界の人口は二一世紀半ばには現在の約二倍の一〇〇億のオーダーに達するということである（国連の世界人口長期予測による）。この増加する人口に必要なタンパク質を供給するためには、従来の家畜、家禽、魚類などのタンパク質源だけでは不十分だと考えられている。そこで新しいタンパク質源が必要になる。その候補の一つとして注目されているのが、昆虫というわけである。昆虫は一八〇万種を超すといわれるほど多様な生物群である。また個体数からいっても他の動物よりも圧倒的に多いといえよう。昆虫の体は水分を除くと、タンパク質と脂肪が主成分で、一般に成長が速く増殖率も高いので、タンパク質生産には向いている生物といえる。そこで昆虫のなかから未来のタンパク質源にできるものは何かということで、今、各国の研究者が検討を進めているのである。一九九五年の九月に北京で農業における生物多様性に関する三日間の国際シンポジウムが開催されたが、そのうち一日は昆虫食に関する発表と討議に当てられた。このことからも、近年昆虫食が注目されていることがわかると思う。このシンポジウムでは世界各国からの参加者によって各地の昆虫食の実情が紹介されるとともに、未来のタンパク質源になりうる昆虫についての討議が行なわれた。

未来のタンパク質源昆虫を探索するためには、これまで行なわれてきた昆虫食を調べ、そのなかから可能性のあるものを選び出すのが有効と思われる。このような観点から現在、世界各地の昆虫食事情が調査されている。

しかし一般的には、未来食品ということではなく、伝統食品、嗜好食品、趣味としての昆虫食に対する関心が強いと思われる。これはテレビなどで、しばしば昆虫を食べるシーンが放映されているのを見てもわかることである。また、いわゆるイカモノ食いとしての昆虫食に興味を持っている人たちがいることも事実で、イカモノ食いの同好会などを作って、競って気持ちの悪そうなものを試食している。イカモノ食いの対象は、何でも食べるということできりがないので、ここでは原則として取り上げず、本書では世界各地の昆虫食事情を紹介し、それに関連して、食べ方、栄養などにも触れることにした。

本書は、平凡社発行の『月刊百科』に四回連載した拙稿「虫を食べる人々」を中心に、数人の現地調査や食虫の経験のある方がたにも執筆をお願いして、まとめたものである。『月刊百科』への連載以来、一方ならぬお世話をいただいた平凡社編集部の垂水雄二氏、また『月刊百科』執筆に仲介の労を執って下さった北興化学株式会社の小西正泰氏に厚く御礼申し上げる。

第一章　人はなぜ虫を食べるか

　ヒトの食生活は昆虫食に始まり、次に果実食となり、動物を狩ることができるようになると肉食となり、また紀元前八〇〇〇～七〇〇〇年頃、農耕が始まると穀物が主食となり、そしてついに現在のように何でも食べる雑食性となったと考えられている。

　チンパンジーが草などをシロアリの巣に差し込んで、引き抜いたときに付いてくるシロアリをしごいて食べることはよく知られている。大昔、アウストラロピテクスも同様にシロアリを食べていたと想像されている。ずっと下って旧石器時代に作られた石斧は、シロアリの巣を壊すために考案されたともいわれている。しかし残念なことにこの頃のヒトが何を食べていたかという物的証拠はほとんどない。わずかに穴居生活をしていた頃の人糞の化石、すなわちヒューマンコプロライト（糞石）が数カ所から発見され、その中に含まれている物質が分析されているくらいである。アメリカ合衆国アーカンソー州とミズーリ州にまたがるオザーク山の断崖の洞窟で発見された糞石からは数種の昆虫が見つかっている。この穴に住んでいた人びとはきわめて原始的な生活をしていたとされているが、今から何万年くらい前に住んでいたのかは不明である。この洞窟内にあったいくつかのミイラのなかで、保存状態の良いものがあり、その直腸の部分から化石化した腸内容物が取り出されたのである。その構成物のうち主なものはハゼノキ類の実であった。昆虫としてはケシキスイ科の *Steliodite* 属の甲虫の若齢幼虫が入っていた。その他アリの一部、多数のシラミと昆虫ではないがマダニ、さらにコナダニも検出された。ケシキスイ幼虫やコナダニはその大きさ、食性などから植物の実や種子にくっついていたものを一緒に食べた可能性が高いが、シラミやマダニは多数検出されたことやその生息場所から見て、意図的に食されたものと考えられる。ケンタッキー州の洞窟から出土した糞石からはバッタと甲虫の断片、そしてメキシコから出土した糞石からは、バッタ、ミツバチ、スズメバチ、アリ、シロアリ、それにダニと多彩な節足動物が検出されている。メキシコにおける現在の多彩な食虫文化を思うとき、興味深い事実である。これらの昆虫は果実などに付着していたものを知らずに食べたということではなく、少数の糞石から多数の種が検出されていることや大型の昆虫が含まれていることから、食物として食べたものであると判断されている。

スペイン北海岸のアルタミラの遺跡では、岩に描かれた野生ミツバチの巣を採取する絵が見つかっているが、これは旧石器時代に描かれたもので、紀元前三万〜九〇〇〇年頃のものだといわれている。同じくスペインの東海岸のバランク、アラーニァなどからも同様に岩に描かれた中石器時代の蜂蜜採取の絵が発見されている。バランクの絵には縄梯子を掛けて蜂の巣を採りに登っている人びと、下で見物しながら待っている人びとなどが描かれている。アラーニァの洞窟の絵では、木に登って野生のミツバチの巣から蜂蜜を採取する女性の壁画が発見されている。現在でも野生のミツバチの巣を採って蜜の入った巣を幼虫と一緒に食べる人びとが世界各地にいるので、おそらくこの時代でも蜜だけでなくハチの幼虫や蛹《さなぎ》も一緒に食べられていたと思われる。石器時代に描かれたとされる蜂蜜採りの絵はこのほかアフリカ各地でも見つかっている。

狩猟、農業が発達してくると昆虫はしだいに大型動物の肉に置き換えられていったと思う。しかし、大型動物はいつでも豊富に手に入るわけではない。したがって昆虫食も相変わらず続けられ、大型動物が獲れないときは昆虫が動物タンパク質として重要な役割を果たしていた。農業が進み、野生動物の家畜化、そして畜産が行なわれるようになると、大型動物の肉の供給が安定してきて、人びとの嗜好はしだいに昆虫を離れていったものと思う。しかし近年になっても大型動物の肉がなかなか入手できない場所、または入手できないような事情が発生したときには、昆虫は手近で比較的入手しやすい動物タンパク質源であることには変わりがない。また、食習慣というものは親から子へ、子から孫へと代々受け継がれてゆくものであり、容易に変化しない習慣の一つである。人の味覚、好みは幼児期のごく初期に決められるという。したがって幼児期に昆虫を食べさせられた人びとが、成長後も昆虫食を好むということは当然あるわけである。うまいかまずいかの判断基準は人によって異なるものであり、一概に肉は虫よりうまいなどとはいえないのである。

現在、昆虫は消費されている動物タンパク質の中でメジャーとはいいがたいが、世界中のほとんどの国で多かれ少なかれ、何らかの形で食べられているといえよう。世界全体で食べられている昆虫の種類は少なくとも五〇〇種はあるといわれる。多彩な昆虫食を誇るメキシコではそのうち三〇〇種以上が食べられており、日本では大正八年（一九一九年）の調査では五五種ということになっている。これは食用とされる昆虫が多様ということであるが、消費量となると話は違ってきて、おそらくアフリカが最も多いのではないかと思われる。昆虫を恒常的に食べるには、昆虫が多量に入手できることが必要である。この条件が満たされるのは、おおよそ熱帯、亜熱帯など暑い地域である。これらの地域でも一年中昆虫が多量に発生しているかというとそうではなく、乾季には昆虫も少なくなるのが普通である。したがって飼育、養殖をしないかぎり、一年中いつも新鮮な昆虫を多量に得ることはできない。現在は食用のために昆虫を養殖するということはほとんど行なわれておらず、野外での採集に依存しているので、一年中昆虫を食べるためには大量に発生したときに採って、乾燥するなどして保存しておくほかない。

　昆虫は前述のように動物タンパク質として必要に迫られて食べられているだけではない。牛肉や豚肉より虫の方が好きだという人もいるのである。オーストラリアの原住民であるアボリジニーの中には、政府の保護施設を逃げ出して昔のように野外生活をし、虫を採って食べる人びとがいるし、パプアニューギニアでは今でもヤシオサゾウムシ類の幼虫がご馳走であるし、また南アフリカに住むペディ族はモパニィワームと呼ばれるヤママユガ科のイモムシを肉より好む。このペディ族は一ポンドの牛肉よりも四分の一ポンドのモパニィワームを選ぶといわれている。このためモパニィワームのシーズンになってイモムシが市場に出回ると牛肉の販売が大きく影響を受けるほどだという。もともとは動物タンパク質摂取の必要性から虫を食べていたと思われるが、長年の間にその食習慣は人びとの嗜好をモパニィワームに固定してしまって、牛肉や豚肉が手に入る現在においても、虫をより好むということになったらしい。同様なことはアメリカ、カリフォルニア州に住むパイユート・インディアンにも見られる。彼らは針葉樹を食べるパンドラガといわれるヤママユガの幼虫を好む。もちろん彼らとて町に出ればいくらでも肉や魚を買える。彼らの居住地区の近くにもスーパー・マーケットはあるのである。それでもパンドラガの幼虫が老熟する頃になると彼らはこのイモムシ採りに熱を上げるのである。

　同様に好みまたは食習慣によって近代社会の中で食虫が行なわれていることも珍しくない。タイなど東南アジアの諸国、中国、メキシコなどでは昆虫料理をメニューに載せているレストランがある。そのようなレストランはいわゆる田舎のレストランとか、エスニックなレストランに限らず、大都会の高級レストランにも見られる。これらの国ぐにでは、また一般家庭でも昆虫を料理して食べることが行なわれており、マーケットなどで食材としての昆虫を入手することができる。日本では飲み屋のつまみにイナゴやザザムシの佃煮を出すところはあるが、本格的な昆虫料理を出す料亭はない。しかしイナゴの佃煮は、現在でもかなり需要があり、毎年晩秋には多量に出回っていて、スーパー・マーケットなどでも見かけるようになった。

欧米ではほとんど食虫習慣がなかったが、最近、とくにアメリカでは食虫に対する関心が高まり、パーティなどで簡単な昆虫料理を作って試食させるなど、食虫キャンペーンが始まっている。昆虫学会、博物館、動物園などで、この運動をバックアップしているところも少なくない。虫入りキャンディ、スナック昆虫なども市販されるようになっている。しかし、先進国の、とくに都会における食虫は、ノスタルジーや趣味、好奇心によるものが大部分で、食べる昆虫が豊富に得られないこともあって、ほかの食品に比べて高価である。今のところはグルメ食品、贅沢食品とでもいうような部類に属しているといってよかろう。

昆虫はいわゆる救荒食あるいはサバイバル・フードとしても重要である。昆虫はどこにでもいるし、小さいけれども数が多い。密林、草原、砂漠などで孤立したとき、大きな動物、鳥、魚などを獲ることは素手ではむずかしい。しかし、昆虫ならば比較的容易に採れるし、タンパク質、脂肪、ビタミンなど栄養にも富んでいる。バッタの大発生は世界各地で見られ、とくにアフリカでは毎年どこかで大発生している。バッタが大発生して大集団で移動すると、その道筋にある緑色のものはすべて食べつくされてしまう。当然、田畑は収穫皆無となり、農民は飢えに苦しむことになる。こんな時、「目には目を」ではないが、バッタを採って食料とすることはよく行なわれることで、アフリカのみならず、アメリカでも、またかつては日本でもそのような記録がある。

太平洋戦争中、後にマイアミ大学教授になった熱帯農業研究の世界的権威者ディジクマン博士は連合軍に従軍していて日本軍の捕虜となった。このとき、連合軍の捕虜は食物としてわずかな白米しか与えられなかった。博士はこれではタンパク質、ビタミンなどの欠乏で早晩死んでしまうと考えた。そこで身の周りで手に入る野草やゴキブリを採り、ゴキブリをつぶしてご飯と一緒に食べることを周囲の兵士たちに励行させ、栄養失調死から兵士を守ったということである。朝鮮戦争でも捕虜になったアメリカ兵が一カ月間土牢に閉じ込められ、食物も与えられず、ゴキブリしか食べるものがなかったという。それでも彼はゴキブリを食べて生き延びることができたのである。ごく最近の出来事で、記憶に新しいものとしては、一九九五年六月に、ボスニアのセルビア人地区で撃墜された国連軍のアメリカ人パイロット、オグラディ氏は、捕虜になることを避けて六日間山野で逃避行を続けたのち国連軍のヘリコプターに救出されたが、その間同氏はアリを主とする昆虫や野草を食べ、雨水を飲んで命をつないだと報道された。おそらく死に直面しても、ゴキブリを生で食べるなどとはなかなかできないことだと思うが、これらの人たちは食習慣の障壁を克服することにより、生き延びることができたのである。一方、大部分の昆虫が無毒で食べられること、栄養に富んでいることを知らなかったり、食習慣に縛られて昆虫を忌避したばかりに飢え死にした人もいたに違いない。

積極的あるいは意識的に食べるということのほかに、知らないうちに昆虫を食べているということは大いにありうることである。というよりはむしろ知らずにでも昆虫を食べたことがない人はいないといった方がいいかもしれない。われわれが普通に食べている食品には、いろいろな昆虫が付いていたり入っていたりするものである。昆虫がそのままの姿なら、小さい昆虫でも細心の注意を払って食品を調べれば見つけることはできるであろう。しかし、加工食品の原料の段階で付いていた昆虫はどうしようもない。本来の原料と一緒に加工され、つぶされたりして形がなくなってしまったり、汁だけ絞られたりしてしまう。こうなったらその製品に虫が入っていたかどうかはもう知るすべがない。近年は害虫の防除が徹底していて、保存食品まで虫が付かないように薬剤処理されているものが多い。しかし、以前はそのようなことはしなかったので、保存食品にはいろいろな虫が付いた。米にはコクゾウムシが付きものであった。もちろん米を研ぐときなどにつまみ出すわけであるが、それでも見落としがあって、炊き上がったご飯に黒いゴマのような物が入っていたりすることがあった。これは成虫で小さいけれども黒いからわかりやすいが、幼虫となると白くて米の粒の中に入っているから、どこにいるのかわからない。たいていはそのまま炊かれて、食べられてしまうことになる。しかし、毒はないから健康上問題はないし、むしろタンパク質やビタミンが強化されるといえる。

米櫃を開けるときらきら飛び出す小さい蛾がいる。ノシメマダラメイガで、この幼虫は糸を吐いて米粒を綴り合わせて筒状の隠れ家を作る。この幼虫は白く細長いので、一緒に炊き込んでしまうとなかなか識別しにくい。頭のところが少し茶色っぽいが、小さいので胚芽米などに混入している時は胚芽と区別がしにくい。これなどもよく知らずに食べられた虫だと思う。ブロッコリーの中のアブラムシも見つけにくい昆虫の一つである。ブロッコリーを食べる時にあの塊になった蕾の中に茹だったアブラムシを見つけたことのある人は多いのではないかと思う。かつお節や煮干しに付くカツオブシムシはよく一緒に煮られて、だしの足しになる昆虫であった。味噌汁などに毛の生えた幼虫がふやけて溺れたようになっているのを見た人も多いのではなかろうか。

このような例は数限りなくあり、枚挙にいとまがない。現在のように原料から製品に至るまで厳重に管理されていても、このような昆虫の混入を皆無にすることはできないので、今後も昆虫または昆虫由来物質の混入を一〇〇％防ぐことはおそらく不可能であろう。

アメリカでは食品医薬品局が食品などに対する昆虫混入の最大許容レベルを決めている。それによると、たとえばピーナッツバターでは一〇〇グラム当たり昆虫断片五〇個、カレー粉では二五グラム中昆虫断片一〇〇個、缶詰トマトでは五〇〇グラム中果実バエ卵一〇個、または一〇〇グラム中果実バエ卵五個と幼虫一匹、あるいは一〇〇グラム中幼虫二匹、トマト・ソースでは一〇〇グラム中果実バエ卵三〇個または一〇〇グラム中果実バエ卵一五個と幼虫一匹か幼虫二匹、といった具合である。これらの例を見てもかなりの昆虫由来物質が加工食品に混入していることが想像されよう。食品医薬品局はこれらの昆虫混入レベルは殺虫剤を多用すればもっと引き下げることができるが、「欠陥はあるが無害な自然物」を「有毒な殺虫剤の混入」に置き換えることは賢明ではないだろうと言っている。

どうしても昆虫あるいはその部分、エキスなどが口に入ることを防ぎきれないならば、幸いこれら食品に混入する昆虫は無毒でありむしろ栄養の足しになることでもあるので、進んで昆虫を食べようというように発想を転換できないものであろうか。

第二章　虫の食べ方

昆虫はカメムシなどの強烈な悪臭を出す昆虫を除くと、特有の味とか風味を持たないものが多い。このことは昆虫を生きているまま、あるいは単純に焼いたり茹でたりしただけで食べられるということにもなるが、豊富なグルメ食品を食べ慣れた人びとには、味もそっけもなく物足りないということになろう。そのような昆虫の食べ方をここでは大きく二つに分けてみた。第一は未開発あるいは発展途上にある地域での食べ方で、これは主としてタンパク質源として必要に迫られて食べるもので、したがって日常的に多量に消費され、味の良し悪し等贅沢なことなどいっておられず、とりあえず栄養源として食べるものである。この場合多くは手の込んだ調理は行なわれず、せいぜい塩を振る程度の味付けとなる。第二は民族の伝統的な食習慣、あるいは珍味・グルメなど嗜好品として食べる場合で、先進諸地域で行なわれるものである。この場合調理の仕方はバラエティに富み、地方色が出ていて調理面から見て興味あるものが少なくない。しかし、比較的普遍的に見られる調理法としては、から揚げ、油炒め、茹でたりした昆虫に塩、砂糖、スパイスなどで味を付けるというものである。

次にこれらの食べ方をもう少し詳しく見てみよう。最も単純なものは捕まえた昆虫をその場で生きたままむしゃむしゃ食べてしまうもので、野蛮に思われるかもしれないが、生きがいいのが取り柄である。パプアニューギニアでは、子どもが小さなバッタを捕まえては草の芯に刺し通し、時どきそこから一匹、二匹とはずして、おやつのように食べていた。南米にはチンパンジーがするようにシロアリの巣にむぎわらなどを差し込み、しがみついてくるシロアリを口でしごき取って食べるインディオがいる。ボルネオ島のサバでは灯火に飛んでくる大きな蛾を捕まえて、そのまま食べる人たちがいるし、マダガスカルでは生きている成虫のセミをばりばり食べてしまう。しかし、これは何もサバやマダガスカルに限ったことではなく、日本でも奇をてらってか、蛾やセミを生きているまま食べる人がいる。一般に木材に穿入している大型の幼虫、たとえばボクトウガ、コウモリガ、カミキリムシ、タマムシ等の幼虫は美味で、世界各地で好んで食されており、見つけしだいそのまま生で食べることが多い。日本でもカミキリムシの幼虫は美味な昆虫として知られているが、西丸震哉氏によるとカミキリムシは生でおろし醤油で食べるのが一番うまいということである。またハチの幼虫もよく生で食べられる昆虫で、かつて日本でも田舎ではアシナガバチ等の幼虫がおやつであったこともあり、子どもたちはハチの巣を見つけると蛆のような幼虫を引っぱり出して、そのまま口に放り込んでいた。

昆虫には有毒なものが少ないから、生で食べることは材料が新鮮であれば問題ないように思われるが、注意すべきは、昆虫の体表や腸内にいる微生物である。腐ったものを食べるいわゆる食腐性昆虫の場合、体表にも腸内にも多量の微生物がいるので、それをそのまま食べることは非衛生的であり、危険でもある。死んだ昆虫は腐りやすいので、一般に、食べると危険である。二〇年くらい前になるが、アフリカのケニアで食用に採集されたシロアリをビニール袋に詰め、四〇〇キロメートル離れた場所に運んだが、その間に中のシロアリは死に、それを食べた六人のうち五人がボツリヌス菌中毒で死んだという。また新鮮な植物を食べている昆虫では、その腸内に未消化な植物片が詰まっており、その餌植物に由来する匂いや刺激するような味がすることがあるし、その餌植物がアルカロイドを含んでいる場合は、食べるのが危険なこともある。このような昆虫の場合は一日絶食させて、腸内のものを排泄させればよい。

このほか、いわゆる高等動物寄生虫の中間宿主になっている昆虫を生で食べることも危険である。このような寄生虫にはサナダムシ等の条虫類、胃線虫ゴンギロネマ等の線虫類などがある。いずれも食べた直後はなんともなくとも、後に体内に住み着いていろいろな生理的障害を引き起こす。

寄生虫ばかりでなく、生きている昆虫そのものを丸ごと呑み込むと、腸内でその虫が生きていて、腹痛、下痢などを起こすこともある。そのような昆虫にはエンマコガネの類や貯穀に付く数種の甲虫類があり、甲虫症と呼ばれている。同様にハエの幼虫の蛆《うじ》も腸内に住み着くことがあり、この場合も下痢や腹痛を起こし、蠅蛆症と呼ばれている。これら腸内に住み着いた昆虫は、直接腸管に穴を開けたり、腸の組織を食べたりはせず、人が食べたものを食べている。腹痛や下痢などの症状があっても、これらの昆虫が便とともに排泄されてしまえば、症状は消える。

調理の仕方で最も簡単なものは焼くことである。その焼き方にもいろいろあるが、単純なのは焚き火をしてその火で直接焼くものであり、また、焚き火をしたおき（熾）火や熱灰を使って焼くものである。燃えている火に昆虫を投入すれば、燃えてしまうから、そのような場合は串にでも刺して、焚き火の回りに立てて、輻射熱で焼くようにする。熱い灰に昆虫を混ぜて焼くのはよい方法である。焼けたならば、昆虫を拾い集め、軽く叩くか、吹くかして、灰を飛ばせばよい。オーストラリアのアボリジニーはこのような方法でブゴングガを焼いているし、同様な方法をアメリカ・インディアンはバッタやパンドラガの幼虫を焼く時に用いている。フライパンや鉄板を使って煎るという方法もある。これらはどちらかというと近代的方法である。少し野趣に富んだ方法としては、熱した石を用いた蒸し焼き法がある。これは何も昆虫に限った方法ではなく、豚などの大型動物の肉、タロ、ヤムなどのイモ類などを焼くときにも用いられる。パプアニューギニアやソロモン諸島で行なわれている方法で、これを行なうにはまず手頃な石を焚き火にくべて熱する。そばに穴を掘り、バナナなどの大きな葉を敷く、その上に肉、野菜、虫などを並べる。熱くなった石を入れ、さらにその上を葉っぱで覆ってから土をかけて埋める。一定時間後掘り出すと、ちょうどよく蒸し焼きになっているというものである。これは常時行なわれているというより、来客、祭などの際に特別に行なわれる料理のようである。

少し手の込んだ焼き虫料理は、いわゆる付け焼きで、串などに刺した虫に醤油や砂糖醤油を塗って焼くことを数回繰り返すものである。

虫を煮て食べることもよく行なわれている。イナゴなどは佃煮にする前に茹でて干すが、このように一度煮沸して乾燥させてから味付けをする場合も多い。茹でて干した段階で、ガーリック・ソルトなどを振って食べるのもあっさりしていていいものである。初めから塩茹でにする場合もある。また長野県ではカイコガの蛹を、佃煮のように煮詰めるのでなく、普通に醤油で煮て食べることも行なわれていた。

日本では、醤油、砂糖、味醂などで煮るいわゆる大和煮、それを煮詰めて作った佃煮がポピュラーである。現在長野県で生産され、缶詰やビン詰になって売られているイナゴ、蜂の子、カイコガ、ザザムシなどは皆このような方法で調理されており、種によって独特の匂いや香りがあるといっても、ほぼ同じ味になってしまっているのは残念である。

諸外国ではしばしばから揚げにして食べられている。高温の油で揚げるので、微生物などによる食中毒の心配がなく、良質の油を用いればあっさりしていておいしい。同じ油を使う料理に油炒めがある。昆虫料理を出すレストランの調理法にはこの油炒めが多い。

小さい虫は粉や鶏卵に混ぜて焼いたりして食べることが多い。メキシコではミズムシ類やその卵をこのようにして食べるし、またつぶしてスープに入れることもある。

変わった食べ方としては、タガメをソースの材料としたり、アリをピクルスにしたり、またアリをつぶして清涼飲料を作ったり、さらにアリをリキュールの味付けに使うというものもある。

お菓子の中に虫を入れるということも行なわれていて、以前からアリをチョコレートで固めたものがあったし、最近アメリカで作られ販売されているものには、べっこう飴のような棒付いたキャンディ（ロリーポップ）に甲虫の幼虫を封入し、テキーラの香りを付けたものがある。これはリュウゼツランから作ったテキーラの一種のメスカルという酒にリュウゼツランに付くボクトウガの赤い幼虫を入れたものがよく知られているので、これをイメージしたものと思われるが、入っている虫はメスカルに使われている虫ではなく、アメリカで大量に飼育されているチャイロコメノゴミムシダマシの幼虫である。同様な製品には、ゴミムシダマシの代わりにコオロギを封入し、ミントの香りを付けたものも市販されている。またスナックとして、蛾の幼虫を揚げたものにそれぞれチーズ味、メキシカンスパイス味、バーベキュー味を付けたものも売られている。

以上はおおよそ昆虫を丸ごと、したがって一見して虫とわかる形で食べる食べ方であるが、このほか昆虫を食材の一つとして扱い、搗き崩したり、ブレンダーでどろどろにしたり、乾燥させて粉にしたり、あるいは茹でてだしを取ったりして、他の食材と一緒に料理することも行なわれている。アメリカのテイラーとカーターはこのようにして食べる昆虫料理のレシピ集を書いているが、それによると、パーティ用のつまみから、スープ、サラダ、グラタン、シュウマイ、カレー、パイ、ピザ、ピラフ、てんぷら、野菜の煮物、デザートなど通常の料理すべてに昆虫を素材として取り入れるレシピが紹介されている。要するに形を崩してしまえば、タンパク質と脂肪に富んだ食材として、いかようにも料理して食べられるということであろう。

第三章　日本の昆虫食

一、昆虫食の歴史

(a) 古代から中世

日本における昆虫食の歴史はまだ明らかではなく、とりわけ古代や中世の事情はほとんどわかっていない。当時も昆虫が食用にされていたのは間違いないと思われるのだが、よるべき資料が見当たらないのである。当時の文字記録はいわゆる「常民」の生活に触れることがまれであり、庶民の食料などは記録に残らなかったのだろう。この時代の昆虫食については、今後は文献史学の手法ではなく、むしろ遺跡や遺物、糞石（糞の化石）の調査など、考古学的研究に期待した方がよいのかもしれない。

とはいえ、昆虫食の存在について若干の資料から推理することはできる。たとえば『日本書紀』（七二〇年撰）の応神天皇の条に見える「吉野の国樔人《くずびと》」は、「山の菓《このみ》を取りて食ふ、亦蝦蟆《またかえる》を煮て上味《よきあじ》」とする生活をしていたという。国樔人（国栖人とも書かれる）は上代に各地に土着していた先住民族であり、上古の遺風を守る淳朴な人びとであったという。この記述が事実か否かはわからないが、このような生活をする民族が昆虫を食料にしたとしてもなんら不思議ではないだろう。

また、九一八年頃成立の『本草和名《ほんぞうわみょう》』（深根輔仁《すけひと》撰）には、「蚱蜢」ほか合計四種類の直翅類が挙げられ、その総称（和名）を「以奈古末呂《イナコマロ》」としている。そのうちの一種類にわざわざ「是物不可食」と注しているところからみると、それ以外の「以奈古末呂」が食用（薬用？）種だった可能性がありそうである。同じ記述はわが国最初のイロハ別国語辞典、『伊呂波字類抄』（『色葉字類抄』橘忠兼、一一四四〜八一年の増補版）にもある。ただしこの注釈は中国文献の丸写しかもしれず、食用種だったとしても「知識として知っていた」程度に理解しておくのが無難かもしれない。なお、広義の昆虫食には薬用昆虫も含まれるが、ここでは本来の昆虫食に限定する。当時の薬用昆虫の実例は『延喜式』（九二七年）などに見られる。

(b)　江戸時代

江戸時代に入ると、昆虫食の実態がだいぶ明らかになってくる。これは本草学や博物学の発展とあいまって動植物に関わる著作が多数著わされたり、広い層の間で文字が普及したりしたためである。とはいえ、これも古代や中世に比較しての話であり、昆虫食文献の絶対量は多くはない。そのため、全貌を描き出すことなどは不可能なので、ここでは昆虫の種類別に当時の文献に見られる記述を紹介してみたい。なお、当時実際に食用にされた種類は、少なくとも後述の三宅恒方《つねかた》博士の調査報告に挙げられた種類くらいはあったのではないかと考えられるが、記録のある種類はずっと少ない。やはり、記録となって残るのはごく一部に過ぎないのだろう。以下、文献の引用に当たっては、漢文を読み下し文に改めたり、読みやすいように句読点を改変したりした場合がある。

(1) イナゴ

イナゴは現在でも食用昆虫の代表格であり、食用の歴史はかなり古いと推定される。日本に稲作が広まった頃には、すでにイナゴは害虫だったと考えられるから、そもそもつきあいの歴史自体も古いわけである。なお念のために記しておくと、日本には「イナゴ」という標準和名を持つ昆虫はおらず、コバネイナゴなど数種類のイナゴ類の総称である。

江戸時代の文献に現れる食用昆虫でも、最も多いのはイナゴである。代表的な食物本草書、『本朝食鑑《ほんちょうしょっかん》』（人見必大《ひつだい》、一六九七年）には「野人・農児はこれを炙《あぶ》って食べる。味は香ばしくて美いという」（平凡社東洋文庫版を引用）と記され、やはり代表的な本草書である『大和本草』

（貝原益軒、一七〇九年）は「田家ノ小児ヤキテ食フ」と解説している。また、当時広く用いられた百科事典、『和漢三才図会』（寺島良安、一七一三年）には、「之ヲ取リテ炙《あぶ》リ食フ、味甘美ニシテ小蝦《こえび》ノ如シ」とある。これらよく利用された書に記されているということは、イナゴ食が珍しい習慣ではなかったことの証左であろう。ただし、都市よりは農村で、上流階級よりは庶民階級の食物だったらしいことは次のような文献から推定できる。

たとえば、幕府の高級医官であった栗本丹洲は、その著作『千蟲譜』（一八一一年）に「出羽米澤山形辺ノ里民ハ多ク取リ、貯置テ炙啖《あぶりくら》フ。酒媒《さけのさかな》ニモコレヲ用ユト云」と記している。丹洲は当時の代表的な動物・昆虫学者であり、その人にしてからが伝聞で記しているのは、武士階級が口にするものではなかったからだろう。本草学者・佐藤成裕はもっとはっきり書いている。「蟲を食物とする事なし。しかるに、米澤にてはイナゴを喰ふ。秋に至れば、イナゴを生にて売来る。家々にて三升五升求て年中の用とす。好で食するものは、数十升買得て土器《ほうろく》にて炙り乾して貯置く。此国の人として食せざる者なし」（『中陵漫録』、一八二六年）。「蟲を食物とする事なし」と断言するのはいかにも早計だが、全国各地で物産調査にあたった佐藤成裕にしてこの言ありとはちょっと意外な気がする。ちなみに、上流階級であってもおいしいものはおいしいと感じるのは当然のことで、初めてイナゴの醬油煮を食べた幕府の高官・志賀理斎は「其味美なり」と正直に記している（出典後述）。なお、都会のみならず地方においても上流階級の食物ではないとする例があり、たとえば越後国寺泊で書かれた『越後名寄《なよせ》』（丸山元純、一七五六年）では「下衆ハ之ヲ取リ、炙リ、食フ」と「下衆《げす》」の食物にしている。

江戸時代も後期になると実にさまざまな商売が出現するが、その一つに「螽《いなご》蒲焼売」がある。これは『守貞漫稿』（喜田川守貞、一八五三年）に載っているもので、いわく「いなごを串にし、醤をつけてやきて之を売。春の物也。又、童子の買《かいて》多し。提手桶に納れ携ふ。提桶は江戸にて岡持と云」。本書は江戸だけでなく京大阪の風俗も扱っているので、どこの街での商売なのか明確ではないが、いずれにしても、大都会でもイナゴは堂々と売られていたのである。

当時のイナゴ調理法は、「螽蒲焼売」の解説にあるような醤油の付け焼きか、あるいは志賀理斎が賞味したような醤油煮だったようである。それ以外には、紀州の本草学者・畔田《くろだ》翠山《すいざん》が『熊野物産初志』（一八四八年?）の中で、信州塩尻の「霜降デンブ」という、手の込んだイナゴ食品の作り方を記録している。これは「オホイナゴ」を「塩尻ニテ曝乾《さらしほし》、臼ニ入、搗《つき》テ粉トナシ、蜀椒樹《さんしょ》及胡麻砂糖ヲ加ヘ醤汁《たまり》ニ和シ、霜降デンブト名《なづ》ケ売」ったものだそうだ。いわばイナゴのフリカケだが、なかなかおいしそうである。ちなみに長野県諏訪・佐久地方では霜の降る頃のイナゴを「霜イナゴ」と呼び、最も美味という伝承がある由で、「霜降デンブ」の名もこれに由来するのだろう。

(2) ゲンゴロウ

江戸時代の食用昆虫の記録で、案外に多いのがゲンゴロウの記録である。今でこそゲンゴロウを食べるなどというと顔をしかめられそうだが、実は最近まで各地で食用にされていたのである。これが廃《すた》れてしまったのは食習慣の変化というより、むしろ肝心のゲンゴロウの生息に適した環境が極端に少なくなり、食用にするほど採れなくなってしまったためではないだろうか。一九八五年、ある民放テレビで「謎のゲンゴロウ料理追跡」という番組があり、長野県佐久市に残るゲンゴロウ料理の、採集から調理までが放映されたことがあった。たぶん、ゲンゴロウ料理を伝承する土地は今でもまだあるのではないだろうか。

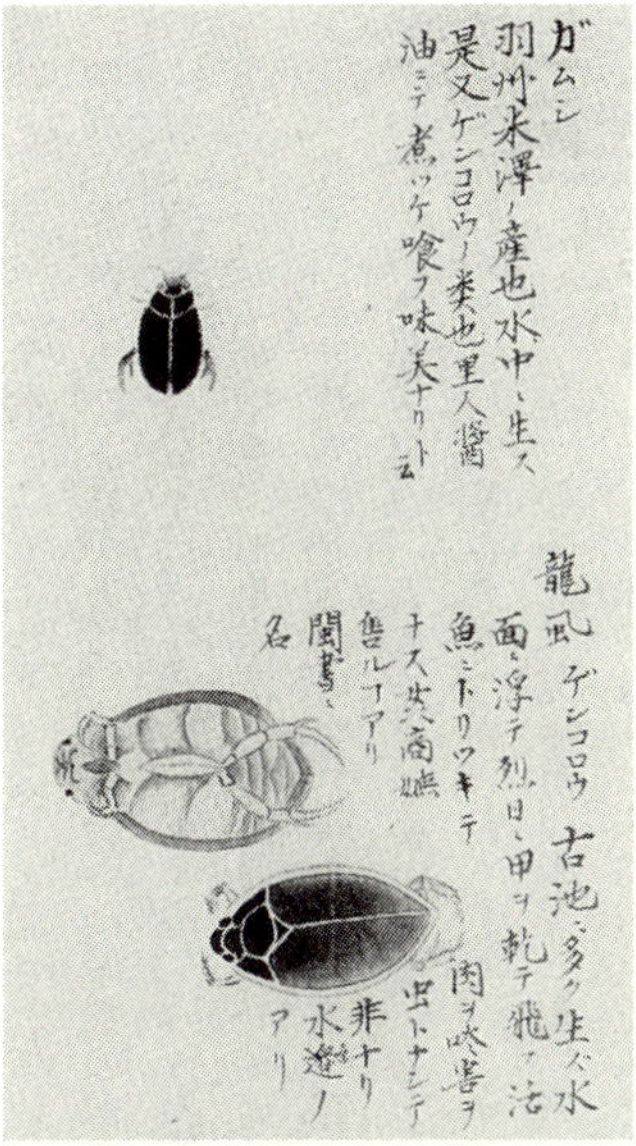

図1　『千蟲譜』にある「ガムシとゲンゴロウの図」（荒俣宏蔵）

さて、江戸時代においてもゲンゴロウは食用にされていた。実際には各地で食用にされていたと考えられるが、見つかるのは不思議に出羽国米沢地方の記録ばかりである。たとえば『千蟲譜』（前出）のガムシの図には「羽州米澤ノ産也。水中ニ生ス。是又ゲンゴロウノ類也。里人、醤油ニテ煮ツケテ喰フ。味美ナリト云」と記されている（図1）。この「米澤産」の「ガムシ」には別におもしろい記録がある。その一つは尾張の本草学者・水谷豊文（一七七九〜一八三三年）の『豊文蟲譜』（成立年不明）にある「金蛾蟲《きんがむし》」で、お歴々でなければ食べられなかった虫だという。いわく「金蛾蟲　羽州米澤ノ名産龍蝨《げんごろう》ノ一種ナリ。米澤ヨリ四五里北ニ金山邑トテ金山アリ。此金山ヨリ流レ出ル水中ニ生ズル故ニ、金ノ字ヲ加ヘテ俗ニ金蛾蟲ト称ス。金蛾蟲彼地ニテハ至テ尊キ品ト見エ、君侯並歴々ナラデハ不食《くわざる》ヨシ」。残念ながら金蛾蟲の正体は図を見てもよくわからない。味は悪くなかったらしく、イナゴの項でも触れた志賀理斎が、その著書『三省録』（一八四三年）の中で「先年奥州米澤の人に会せしに、蟲螽《いなご》と金花蟲［割注略］とを、醤をもて煮たるを食しぬ。其味美なり。米澤の人上味とす。今俗虫を調味するよし絶てなしと思しに、米澤にはかかることあり」とその味をほめている。理斎はさらに続けて「これに依ておもふに、上世芳野の土人、蛙を上味とせしよしを信ぬ」と書いているのだが、志賀理斎のような博識家でも虫を食べる風俗が初耳だったとは興味深い。やはり下情に通じた高級官吏などそうそういなかったということなのだろう。

(3)　柳の虫、エビヅルの虫など

「柳の虫」とはヤナギなどに穿孔するボクトウガ類の幼虫で、古くから子どもの疳《かん》の虫の民間薬として利用された。しかし、食味が良いところから嗜好品でもあったらしい。同類に「エビヅルの虫」があり、これはブドウやエビヅルに潜るブドウスカシバの幼虫である。『千蟲譜』には「柳木蠹《と》　小児炙食《あぶりく》フ、味、蘡薁《エビヅル》ノ蟲ニ同ジ」とあり、同書「蘡薁蠹《と》」の項には「火上炙食ニ香美ナリ」とある（「蠹《と》」は木に穿孔する虫のこと）。

「柳の虫」は薬用として需要が多かったらしく、町を売り歩く商人がおり、『守貞漫稿』（前出）に「赤蛙賣」として解説がある。「あかがひる柳蟲を賣る。小筥《はこ》等に納れ風呂敷裹《つつみ》にて負来る。京坂の赤蛙は枯たるを賣る、柳蟲は活《いき》るを賣る。江戸は赤蛙柳蟲まむし等、皆活《いき》るを賣り買人あれば忽ちに之を裂、殺て賣る」。この売り歩く姿を清水晴風（一八五一～一九一三年）の『世渡風俗図会』（成立年不詳）から紹介しておく（図2）。なお、同様に子供の疳の虫の薬として用いられたものに奥州斎川《さいかわ》名産の「孫太郎虫」がある。これはヘビトンボの幼虫で、需要が多く、やはり大道商人が売り歩いた。

図2　「赤蛙賣」（清水晴風『世渡風俗図会』より，国書刊行会，1986）

(4)　蜂の子

蜂の子はイナゴとならぶ代表的

な食用昆虫だが、食習慣が地域的なためか江戸時代の記録は少ない。実のところ記録らしい記録は、尾張藩士・三好想山《しょうざん》の『想山著聞奇集』（一八五〇年）に「にち蜂の酒 並《ならびに》へぼ飯のこと」という一文があるのを知るのみである。「にち蜂の酒」というのは、美濃国郡上郡にいる「にち蜂」は土中の巣に花の露を貯え、それが発酵すると喩えようもないほどの美酒ができるという話で、これはあてにはならない。しかし、「へぼ飯」の方はクロスズメバチの巣のありさまや調理法、味、食習慣など興味深い内容である。食用昆虫文献として重要なので少々長いが左に引用しておく。

「へボ蜂と云あり。是は蜜蜂より少し大きけれども、矢張小き蜂にして、薄白黒の紋あり。［中略］是も地中に穴を掘りて、穴の中に尋常《よのつね》の蜂の巣のごとく、形唐傘の如くに作りたる巣を幾蓋も重ねて、綺麗に拵《こしら》ゆるものとなり。同国（＝美濃国）苗木岩村辺《ほとり》より信州木曾谷の辺《ほとり》にても、此蜂を焼殺せしなりに穴を掘鑿《うがち》て、件《くだん》の巣を取。巣中にある所の白き螂蛆《うじ》の如き子を取て、醬油にて味をつけ、飯を焚く煮上りたる中へ入て飯となして、是をへぼめしと云て、珍客などを饗應するものにして、至て悦《よろこ》び食する事なり。風味は油多にして香ばしく、甚《はなはだもつて》以うまきものといへり。然ども名古屋などより参りたるものは、気味悪敷《あしき》とて得食ひ来らざるも多く、予も喰 試《こころみ》たれども、信州人や美濃人の悦びて食する程の風味にてはなく、海糖魚《あみ》か小蝦《えび》のごとき味ひ《あじわ》にて、海浜の人は悦で食ふべきものにあらず。美濃の国郡上辺にても、掘取て煮付になし、酒の肴となせども、まづは飯にはなさず。然れども蜂飯とてする事もありとなり。〔中略〕山辺にてはいづれの国にてもする事にて、珍敷《めずらし》からぬ事にや。予は里にのみ住みて、か様の事をしらざれば、異成《ことなる》ことの様におもふまま、〔中略〕具《つぶさ》に書記し置《おく》のみ。この蜂は江戸にも名古屋にも居る蜂にて、既に右郡上の八幡侯の江戸青山別荘の園中にて、寄合掘取て食たりと云ふ者にも聞きたり」（『続帝国文庫』所収を引用）。

クロスズメバチ食の本場は今でも長野や岐阜であり、やはりこのような習慣は江戸時代から続いていることがわかる。なお、この引用文の後には、郡上で巣を掘るのは「月の十五日」に決まっているという話が続く。その理由も詳細に書いてあるが、要は「幼虫が巣いっぱいに充満した時期に掘る」ということで、あまり根拠のある話ではない。

現在、クロスズメバチは品薄で、韓国あたりから輸入することもあるらしい。しかし、一時期に比べると東京では増えているように思われる。多摩地区では本種をよく見かけるようになり、上野動物園で巣を作ったという話も最近耳にした。とはいえ、今を時めく「青山」で掘って食べたとはまさに昔語りである。

以上に紹介したイナゴ、ゲンゴロウ、柳の虫、エビヅルの虫、蜂の子以外にも、江戸時代に食用記録（薬用を除く）のあるものはタガメなどまだいくつかある。しかし、文献調査が不足していて、解説できるほどの資料が集まっていない。近世の昆虫食については今後とも資料調査を続け、いずれはまとまった紹介をしたいと考えている。

(c) 救荒食とイカモノ食い

これまで紹介してきた昆虫食はいずれも平常時の食料であり、あえていえば趣味嗜好の世界であった。しかし、飢饉のような非常時には、昆虫が命をつなぐ大事な食料になったことは想像にかたくない。

江戸時代の飢饉のうちでも、天明の飢饉はとりわけ悲惨であった。その被害地では「(何でも食べたので)ヘビ、トカゲ、カエル、イナゴ、蜂の子、蚕蛹、川の魚は当然、ドジョウの姿もなくなってしまいました」というような伝承が近年まで残されていたほどである(井手三子『桑の木とおばば様』、一九八五年、青山書房)。

飢饉時には多くの救荒書が著された。その多くは可食植物や「かて物」(まぜ飯の材料、増量材)の解説だが、なかには昆虫に触れたものがある。仙台藩の佐々城朴安撰『救荒略』(一八三三年)には「禽、虫、魚の類も飯或ハ粥に交ひ、又は雑炊、或ハかけ汁となし用る物もあるべし」とあり、相馬中村藩の『糧物考《かてもの》』(一八三三年)では「虫類三品」として海産のアミ二種と「蚱稲子《いなご》」を挙げている。さて、飢饉とは対極的な話だが、イカモノ食いとしての昆虫食も紹介しておきたい。むろん平和な時代の話であり、珍談ゆえに記録に残されたものである。

平戸藩主・松浦静山の『甲子夜話（正編）』（一八二〇年代）に、虫なら何でも食べる男の話がある。「今は故人なるが、葺屋町川岸に荒物商売する田村屋只四郎と云者あり。異人にて、諸蟲何と云こともなく取り喰ふ。蛇、蛙、蚯蚓《みみず》を始め、皆生ながら喰ふ。大小の諸蟲かく為ざるは無し。常に人に戒《いまし》めて曰。蚰蜒蠼螋《ゲジゲジハサミムシ》は食すること勿れ。必ず毒ありと。年六十を過て終れり」（東洋文庫版を引用）。他人に戒めるといっても、ご本人以外にゲジやハサミムシを食べるような人がいたとも思えないのだが、誰に戒めたのだろうか？

また、埼玉県川越市の法善寺に「虫食い奴の墓」という石像がある。これは川越藩の家臣に仕えた下僕、瀬川嘉右衛門の墓という。嘉右衛門は酒を好み、肴は禽獣蠹魚《と》、およそ人の食べないものを何でも食べ、とりわけ腐肉が大好物だったという（岡村一郎『川越歴史小話』、一九七一年、川越史料刊行会）。悪食もここまでくれば立派なもので、後世に名まで残せるわけである。なお、「蠹」は木の幹に食い込む虫の意味だが、ここでは昆虫の総称であろう。

(d) 三宅恒方の調査

文明開化とともに、日本人の食生活も大きな変化をとげた。牛肉食の普及をはじめとする食品タブーからの解放、階級がなくなったことによる食生活の均質化などである。しかし、地域における昆虫食の習慣はあまり変化せず、相変わらず手近の食料としてよく利用されたようだ。

その理由は次のようなことであろう。まず、昆虫食は地域の食文化であり、容易に変化する性質のものではなかったこと。また、昆虫食の文化が伝統や習慣を尊重する農村や山間部で主に伝承されてきたことも、その維持に幸いしたのだろう。

残念ながら、明治期においては昆虫食の全国的な調査は行なわれていない。それが初めて行なわれたのは大正年間のことであり、その調査報告書は今でも日本の昆虫食研究のバイブルになっている。

この調査は、農商務省農事試験場の昆虫学者、三宅恒方《つねかた》博士（一八八〇〜一九二一年）によって行なわれた。三宅博士は、大正七年（一九一八年）に全国の農業試験場に調査票を送り、各府県の食用薬用昆虫についての回答を求め、翌年、二〇〇頁余の報告書（農事試験場特別報告第三十一号『食用及薬用昆虫ニ関スル調査』、一九一九年）を出版した。

この三宅報告には、食用昆虫として種名の判明したもの四八種、種名不詳が七種、合計五五種が挙げられている。グループ別では膜翅目の一四種、鱗翅目の一一種、直翅目の一〇種、鞘翅目の八種などが多く、それ以外にカゲロウ目、トンボ目、カワゲラ目、半翅目がそれぞれ一種ないし二種ずつある。

これらのうち、今では食習慣が消滅したか、まれにしか食用にされないと考えられるものは、トンボ（成虫）、カマキリ、ショウリョウバッタ、オンブバッタ、コオロギ、タガメ（卵）、メイガ類（幼虫）、イラガ（蛹、幼虫）、スズメガ（成虫）、ガムシ、ゲンゴロウ、キバチ（幼虫）、クマバチ（幼虫）などである。このなかには、虫そのものが採集できなくなった結果、食習慣が消滅したものもあろう。府県別に見ると、やはり多いのが長野県で一七種、次いで山口県の一二種、山梨県の一〇種、山形県と愛媛県の八種などとなっている。

三宅報告は、伝統的な食文化が色濃く残っていた時代の昆虫食の実態を明らかにし、また、近世あるいはそれ以前の昆虫食を推定する手がかりになる貴重な資料である。

なお、その後、三宅博士は随筆集『天使の翅』（一九二二年、実業之日本社）のなかで、日本の食用昆虫は「百五十種」あると述べている。もしこれが誤記でなければ、報告書刊行後の追加が一〇〇種近くあったわけだが、その内訳がわからないのは残念なことである。

(e)　太平洋戦争とイナゴ

飢饉や戦争時、つまり食料難の時代に食用昆虫が注目されるのは世の常である。近代において、昆虫食がいちばん脚光を浴びたのは太平洋戦争中の食料不足の頃であろう。

イナゴについては、昭和一〇年前後から食品としての価値を宣伝する動きが見られる。たとえば、当時、栃木県の松浦盛三郎という人は農村の栄養改善のためにイナゴの利用を唱えている。同氏は高等小学校の先生だが、生徒の給食に大豆とイナゴを使ったおかずを三二日から四〇日のあいだ食べさせ、通常の副食の子どもに比べて体重の増加が著しかったという実験をしており、その結果と栄養改善の提言を立派なパンフレットにして出版している（一九三七年、図3）。それには「最近いなごの栄養価値に関する報道は或は講演に或は新聞雑誌に或はラヂオの放送に枚挙に遑《いとま》ない」とあり、当時イナゴは相当にもてはやされたとわかる。

図3　松浦盛三郎のパンフレット，「農村の栄養改善といなごの栄養価値」（1937）

東京朝日新聞でも、昭和一一年七月に「栄養価満点の蝗」という記事を掲載、また同年一一月には「一般に勧めたいいなごの料理」という記事を載せており、いずれもイナゴの栄養価の高さを強調している。また、詳細はよくわからないのだが、昭和一四年には、イナゴは高栄養価食品なのでそのコロッケやかき揚げを普及させようという運動があったらしい。

昭和一〇年代前半は、「栄養学的・科学的な食事を」といういわゆる「国民食」運動が盛んになった時期であり、栄養価の面からイナゴが評価されるようになったのはこの一環であろう。ちなみに、都会人にとっては、当時はまだイナゴ採りが余暇の楽しみだったらしく、昭和一〇年代の私鉄の観光パンフレットの表紙には「いも掘り」「栗拾ひ」と並べて「蝗とり」がある(図4)。

食料事情が逼迫してくると、いっそうイナゴは注目されるようになる。さすがに配給食料にイナゴはなかったようだが、野草の食べ方が新聞の家庭欄をにぎわした時代だから、イナゴ料理もさまざまに工夫された。たとえば『食生活』(もとの誌名は『料理の友』)という雑誌の昭和一八年一〇月号には「美味しい蝗料理」という記事があり、「山野に跳梁して稲作に害をする蝗を捕獲して貴重な動物性蛋白質や石灰等の給源とするの道を開くことは現下の急務である」として五種類のイナゴ料理を解説している。すなわち「蝗風味味噌」「蝗のかき揚」「蝗の錦煮」「蝗の炒り卯の花」「里芋の蝗味噌和へ」などだが、今読むと無理にイナゴを材料にした感がなくもない。このうちかき揚げと錦煮の材料は干しイナゴ、その他は粉末イナゴである。

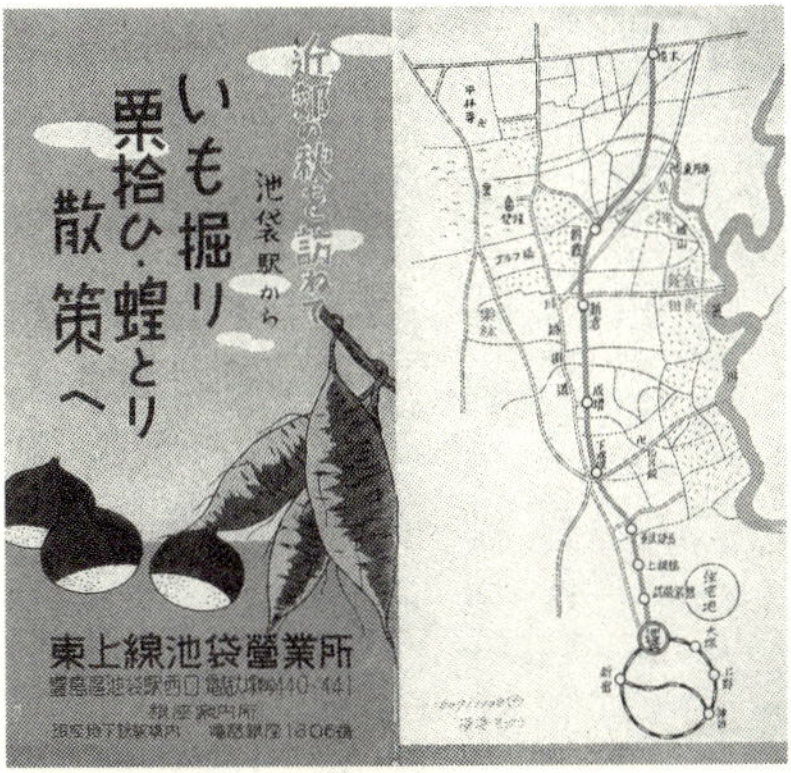

図4　「いも掘り　栗拾ひ・蝗とり　散策へ」
(東武東上線昭和10年代のパンフレット)

都会人のイナゴ採りも遊びどころではなくなっ

た。昭和一八年一一月の東京朝日新聞の「青鉛筆」欄には、東京の人が「蛋白質を補う食糧獲得」のため近県にイナゴ採りにでかけて田畑を荒らすので、「供出に戦ふ地元の人たち」が悲鳴をあげているという記事がある。また当時、疎開児童が食料獲得のためよくイナゴ採りに駆り出されたが、これは「帝国学童集団疎開実施細目」(昭和一九年七月二二日付文部次官通牒)のなかに「疎開学童ヲシテ極力食糧、燃料等ノ自給生産ニ当ラシムルコト」という方針があったためである。長野県に学童集団疎開をしていた詩人・中田雅子さんの詩集『長野県別所村より』(一九七五年)には、疎開先でのイナゴ採りの思い出をうたった「いなご」という作品がある。その詩は「稲しか食べないんだからきれいなもんだと先生は言ったが/何と言われても噛み砕く勇気が出なかったのだ」と結ばれている。都会育ちの子どもたちにとってイナゴ採りはともかく、それを食べるのはさぞ勇気のいることであったろう。

(f) 戦時中のカイコその他

イナゴ以外の虫も食用にされるようになる。たとえばカイコは、従来は養蚕地帯であっても食用にするとは限らなかったが、戦時下では状況が変わってきた。かつて長野県諏訪地方ではカイコガの蛹は使いみちがなく、船で諏訪湖に捨てていたという。しかし「(昭和)一九年を迎えるに及んで完全に食膳に上るようになり、弁当のおかずとなってきた。横だきにしたカバンと共につまづいた子供の弁当からころころと蛹がころげ出した話は当時としては珍しいものでなかった」（下島武人『信州いかもの食い随想』、一九五八年、長野営林局互助会）そうである。

食料のみではなく、工業原料としても昆虫が利用された。カイコガの蛹油はその一例で、食用油や石鹸原料になった。当時としては貴重な油脂資源であり、「蚕蛹配給統制規則」という農林省令があったほどである。東京工業試験所ではイナゴから油を採る試みもなされ、暗緑黄色で臭気のある油が採取されたというが、どうも実用にはならなかったようだ。なお、あまり知られていないが、この時期にも昆虫食の全国調査が行なわれている。未利用食料資源の研究・開発の一環として実施されたもので、当時、資源科学研究所におられた昆虫学者・野村健一博士が調査を実施された。ただし調査結果の全貌はわからず、その一部が『日本救荒動物誌（予報）』（一九四四年?、啓明会）として刊行されたのみである。時代を反映して紙質も印刷も粗悪な、はなはだ読みにくい報告書だが、かなりの規模の全国調査（アンケート方式）であるうえ、昆虫のみならず当時各地で食用（一部薬用）にされた動物が挙げられていて貴重である。ただし詳しい解説はなく、どの地方でどのような昆虫・動物が利用されているかの表が主体になっている。このなかには三宅報告にないモンシロチョウ（幼虫）、コガネムシ（同）、ケラなどが含まれているが、詳しい解説がないのが惜しまれる。なお昆虫ではないが、カタツムリがほとんど全国的に食用にされているのも興味深い。

戦争が終わっても、相変わらず食料難の時代は続いた。その後、東京の食料品店では昭和三〇年代まで干しイナゴが普通に売られている。イナゴが珍味としてではなく、庶民の食材として存在していたのはそれほど遠い昔のことではないのである。今では、それが伝統的な食習慣である地域は別として、珍味あさりの一つとして昆虫が賞味されているだけなのが実情であろう。飢饉や戦争とは無関係な昆虫食の盛行を、後世の昆虫文化史家はどう評価するだろうか。

（田中　誠）

二、現代の日本で食べられている虫

今の［一九九七年現在。以下同］日本は飽食時代で、おいしいもの、栄養のあるものがふんだんにあり、虫など食べる必要は全くない。しかしそれでも秋になると、イナゴの佃煮が店頭に現れる。地方の鉄道の駅のキオスクに出ることもあるし、都心のデパートで売られることもあるし、スーパーの棚に並ぶこともある。このように需要があるのは、イナゴがうまいからとか、栄養があるからということだけではなく、昔の食物に対するノスタルジーと、珍しさによるものだと思われる。イナゴばかりでなく何種類かの昆虫が、現在でも嗜好品として食べられている。

では以前はどういう昆虫が食べられていたかというと、前項で紹介されているように大正八年（一九一九年）の三宅恒方博士による調査報告では食用にされていた昆虫は五五種となっている。しかしこれは必ずしも昆虫の専門家を対象にした調査ではないので、種名の決定は正確にはなされておらず、たとえばバッタという名称のように数種類のバッタ科の昆虫が一括されてバッタと呼ばれている場合もある。したがって正確に種名が決定できたならば、食用昆虫の種類は三倍にも四倍にもなったと思われる。

昆虫の種類別に見ると、広く食べられていたものはバッタの類で、そのなかでもイナゴが最も多く、北は青森県から南は鹿児島県まで、ほとんどの県でイナゴを食べている。これはイナゴが水田に多く、水田が全国に分布しているという事情によるものだと思う。イナゴより大きなトノサマバッタやショウリョウバッタも食べられているが、その例は限られている。これは体はイナゴより大きく一匹の食べごたえはあるが、イナゴのように大量に採ることができないからだと思う。

バッタに次ぐポピュラーな食用昆虫は蜂の子で、それもクロスズメバチの幼虫、蛹が食用として珍重されているが、その他スズメバチ、アシナガバチ、ミツバチなど社会性のハチ類で巣ごと採取できるものはだいたい食べられている。

養蚕地域では古くからカイコが食べられている。とくに絹糸を繰ったあとに繭《まゆ》から出てくる蛹がよく食べられている。人工的に飼育されている昆虫なので、大量に得ることは容易であるし、栄養も豊富なことがわかっているので、食料としても適していると思われる。

以上が日本の食用昆虫のベスト・スリーで、これ以外は消費量はずっと少なくなるが、まだまだ多くの昆虫が食べられている。次に現在でも食べられている食用昆虫について述べる。

(a) イナゴ

イナゴは説明を要しないくらいポピュラーな食用昆虫で、主な種はコバネイナゴ *Oxya yezoensis* であるがハネナガイナゴ *O. japonica* も混じっているし、日本ではめったに見られないニンポウイナゴ *O. ninpoensis* が佃煮の中から見つかったこともある。イナゴは雑食性であるが好んで稲を食べるため、昔は稲の重要害虫であったが、同時に栄養源として、あるいはおかず、嗜好品として人びとの食生活に寄与したことも否めない。戦後、昭和二五年頃から急増した水田でのDDT、BHCなどの殺虫剤の使用により、一時イナゴは影をひそめてしまった。しかし、殺虫剤による環境汚染、農薬残留が昭和四五年頃から問題化し、殺虫剤の使用を最小限に留めるように害虫防除法が変わってきてから、イナゴの数は徐々に回復し始め、所によっては以前のようにイナゴを採ることができるようになっている。

イナゴは専門の捕獲人によって採集されるほか、素人も結構イナゴ採りをやって、自家消費したり、イナゴ商に売ったりしている。イナゴを採る時には、昔は布袋の口に竹筒を付けたものを腰にぶら下げ、捕まえたイナゴを竹筒を通して袋に入れた。こうすると、袋に入ったイナゴは出てこられない。イナゴ採りは、稲刈りの終わった田圃に入り、素手で捕まえていたようである。現在でも素手か捕虫網で採っている。イナゴが田圃に戻ってきた昭和五〇年頃、東北のある中学校でイナゴ採り競争を行なったところ、二日間で最高一人一七キログラム、全校の捕獲量は三トンを超えたという。このイナゴは佃煮業者に二八〇万四〇〇〇円で売り渡され、その一割が学級費に還元されたということなので、イナゴは栄養ばかりでなく、教育にも貢献したということになろう。業者もイナゴ産地の学校や団体に依頼しておいて、買い集めるということもやっているようで、イナゴの仲買人のなかには一シーズンで五〇トンものイナゴを扱い、四〇〇〇万円を超える額で佃煮業者に売ったという人もいるということである。一方佃煮業者のなかにはイナゴ産地に仮設処理場を作り、捕獲したり買い集めたイナゴをその場で釜茹でにしてから冷凍車で工場に送って佃煮にするところもある。

佃煮は砂糖、醬油、味醂などで煮詰めたものであるが、一般家庭でイナゴの佃煮を作る時には、イナゴを一晩絶食させて、腸の内容物を排泄させ、熱湯に投じて三〜四分間煮沸する。引き上げたイナゴが冷めたら、天日で一〜二日間干す。天気が良いとからからになり、そのまま食べても結構おいしく食べられる。食べる時に翅や脚が喉に引っ掛かるようで気になる人は、

図5　山形産イナゴの佃煮

この時翅と脚を取り去るとよい。乾燥したイナゴ五〇〇グラムに対して砂糖二〇〇グラムと醤油一五〇グラムを加え、中火で水がなくなるまで時どき掻き混ぜながら煮詰めればでき上がりとなる。佃煮業者が作る場合は、茹でてからすぐ佃煮に加工する場合と、いったん乾燥させて保存し適時佃煮にする場合がある。これによって冬、春、夏などイナゴシーズン以外の時期でも、イナゴ佃煮が店頭で見られるわけである。味付けには砂糖、醤油、味醂のほか食塩、水飴なども使われている（図5）。

最近でもイナゴの佃煮は、秋になると駅の売店やスーパーなどにも並び、また地方のお土産店などでも売っている所が結構あり、なかなか人気は衰えない。かつて国内で採れるイナゴだけでは需要に応じ切れず、カナダでイナゴに似ている *Melanoplus differentialis* というバッタを多量に採集して、茹でたものを冷凍にして日本に送ったこともあるということである。最近は中国や韓国などから輸入している。以前、秋にイナゴの卵を集め、翌年他人の田圃に放してイナゴを養殖しようとした不心得な業者もいたという話もある。

イナゴは佃煮のほか、油で揚げたり、焼いたりして食べるが、あまり一般的でなく、市販されているものは、今のところはプラスチック・パックに入れたり、缶詰になった佃煮だけである。佃煮を作る時のように茹でて干したイナゴを、サラダ油などで揚げて、ガーリック・ソルトを振りかけるとあっさりしていて大変おいしく食べられる。筆者は数年前パプアニューギニアで食用昆虫の調査を行なった時、イナゴと同属で非常によく似たバッタがおり、子どもたちがおやつ代わりに食べているのを見た。子どもたちは生きているバッタをそのままむしゃむしゃ食べていたが、大人は火で炙って食べており、これは香ばしくて美味であった。イナゴも佃煮ばかりでなく、から揚げとか、焼きイナゴを商品化したならば、もっと楽しめるのではないかと思う。

市販されているイナゴは相対的に高価な食品といえよう。地方のお土産屋で売っているイナゴの大和煮または甘露煮は、缶詰では一〇〇グラム当たり一〇〇〇円、プラスチック・パック入りで六〇〇円くらいである。東京の日本橋にある有名デパートの食品部で見かけた量り売りのイナゴの佃煮は一〇〇グラム七八〇円であった（一九九六年五月）。

このほかの食べ方としては、粉末にして利用する方法がある。太平洋戦争中、九州では食品としてイナゴ粉末が売られていたということである。食べ方としてはイナゴ粉末に食塩、胡麻、野菜粉末、魚粉などを混ぜてふりかけにしたり、あるいはイナゴ粉末に炭酸カルシウム、燐酸カルシウムなどを混合して栄養剤にしたこともあるということである。また粉末イナゴを味噌汁やスープのだしに使ったり、てんぷらの衣、麵類、パン類を作る時に小麦粉に混ぜて栄養価を高めるということも行なわれていた。長野県の佐久ではイナゴをすりつぶして味噌と混ぜてイナゴなめ味噌としたり、味噌汁にしたりして食べていた。

(b) 蜂の子

蜂の子も全国各地で古くから食べられている。アシナガバチやスズメバチの幼虫なども食べられているが、一般に蜂の子といわれるものは、ジバチ、スガレ、ヘボなどと呼ばれているクロスズメバチ *Vespula lewisi* の幼虫である。このハチは地面の下三〇センチメートルくらいの所に球状の穴を掘り、この空間いっぱいに五〜八段の巣板からなる球状の巣を造る。この巣の中に、一匹の女王蜂を中心に多数の働きバチと雄バチがいる。この巣を見つけて蜂の子を採るのは、一つの娯楽となっており、近年時どきテレビでも放映されているので、ご覧になった方もおられると思う。蜂の子採りは秋一〇〜一一月頃行なわれる。その方法とは、まず蛙を一匹捕まえ、その腿肉をマッチ棒の頭大に切り取って丸め、それに真綿の小さな塊の一部を捩って付けたものを用意する。そして残りの肉をハチの来そうな所に置いておく。クロスズメバチの成虫は雑食性であるが、食肉も好むので、やがてハチが飛んできて蛙の肉に止まり、肉片を切り出しにかかる。ハチが切り取った肉片を団子に丸めているとき、用意しておいた真綿付きの肉団子にそっとすり替える。蛙の肉よりもソウギョの肉の方が良いという人もいる。ハチは肉団子がすり替えられたことに気がつかずに巣に向かって飛び立つ。この時、肉団子に付けた白い真綿の塊が光って見え、薄暗い林の中を飛ぶハチの良い目印となる。飛んでいく真綿を追いかけて、ハチの巣に辿り着くという寸法である。巣を見つけたら周辺の草を刈り払い、巣の入り口の穴に花火を差し込み、点火する。蜂の子採り専用の煙が多く出る花火も作られている。その作り方として、長野では桐の炭を粉にしたもの九、硝石二、硫黄一の重量比で混合したものが作られている。巣の中のハチは煙によって麻痺し、動かなくなる。ハチが麻酔から醒めないうちに、スコップやシャベルを使って、巣を掘り出す。巣は板状のものが数層重なっているのが普通である。この巣を逆さまにして振るなどして、巣房にいる幼虫を払い落として集める。普通、仮死状態となった働きバチは幼虫と一緒に食べられているが、女王と働きバチを巣に戻し、みかん箱などに入れて、巣の回復を図ることも行なわれている。このような蜂の子採りは、長野県や岐阜県の山間部でよく行なわれている。また娯楽や個人消費のための蜂の子採りばかりでなく、専門の採集人もいて、全国どこへでも出かけて蜂の子を採っている。それでもまだ材料が十分でなく、韓国やニュージーランドからかなりの量を輸入しているということである。

毎年四〇トンもの蜂の子が佃煮にされているということである。このようにたくさんの蜂の

図6　長野県産蜂の子缶詰2種

巣を破壊または採集すれば、やがてクロスズメバチが絶滅するのではないかと心配になる。そこで、岐阜県では「へぼ愛好会」という組織を作って、クロスズメバチの絶滅を防いでいる人びとがいる。秋に採集したハチを土蔵や崖の横穴など温度変化の少ないところに囲い、独特の餌を与えて越冬させる。そして翌年のゴールデン・ウィーク明けの頃に野外に戻すということをしている。また夏採集したまだ小さい巣を巣箱に入れて大きくすることもやっている。将来はこのような組織があちこちにできて、蜂の子の採り過ぎによって種が絶滅しないようにすることが望まれる。

採集された蜂の子は、これもまた砂糖と醤油で煮て、大和煮としたり、佃煮にしたりする。缶詰またはビン詰になった蜂の子は、長野県のお土産店などで広く販売されており、少なくとも数社の食品会社が製造販売している。蜂の子はイナゴよりも高く一〇〇グラム当たり一六〇〇円くらいする。蜂の子といっても、多くは幼虫ばかりでなく、蛹、時には成虫も含んでいる（図6）。

ある時期、クロスズメバチの幼虫ではなく、ミツバチの雄バチの幼虫の佃煮が売られたことがあった。養蜂では雄バチの大部分は不要となるので、幼虫のうちに処分してしまうほうが経済的なので、これを有効利用しようとしたわけだが、味はクロスズメバチに劣り、このため数年にして姿を消してしまった。以前カナダでも、雄バチの幼虫を食用にすることが研究されたことがある。栄養価は高いので、調理法、味付けなどを工夫すれば、もっと有効利用ができるのではないかと思う。

蜂の子の大和煮はそのままおかずとしても食べられているが、幼虫はいわゆる蛆虫で、ハエの幼虫などに似ており、気持ち悪がる人も多いと思う。しかし、味は見かけによらず美味で、とくに幼虫はねっとりとした舌触りがあり美味である。この大和煮の蜂の子を炊き込んだ蜂の子ご飯も有名である。昭和天皇はこの蜂の子ご飯が大好きで、体の具合が悪く他の食物を受け付けないようなときでも、この蜂の子ご飯は食されたということである。

(c)　カイコ

カイコは東南アジア、中国などの養蚕地帯で古くから食べられていた。日本でカイコガの幼虫、すなわちカイコが食べられるようになったのはそれほど古いことではないようである。しかし養蚕地帯ではかなり前から蛹、成虫、所によっては幼虫も食べる風習があった。戦中、戦後の食料事情の悪かった時には、カイコガは重要な栄養資源でさえあった。紡績工場などでは、繭から糸を繰った後、蛹が出てくると女工はそれをおやつのように食べたという話もある。また栄養失調になりかかった時、カイコガの蛹をもらって食べて助かったという話も聞く。蛹をそのまま食べるだけでなく、蛹の乾燥粉末から醬油を作ったりもしていた。蛹は栄養価も高く、栄養剤として、病人に与えられたこともある。この蛹の栄養は、大ざっぱにいって蛹三個と鶏卵一個と同じだということである。長野県では、糸繰りのあと出てきた蛹を「どきょ」と称し、ほうろくで煎って塩を振って食べたり、醬油と砂糖で煮付けておかずにしていた。最近では蛹と成虫を大和煮にして缶詰にしたものが長野県伊那市の食品会社「かねまん」から販売されている（図7）。

長野県の諏訪地方ではこの蛹は「ひび」とも呼ばれ、昭和の初期頃までは用途がなく、船で運んで諏訪湖に捨てていたということである。その後、養殖魚の餌や肥料として利用されていたが、太平洋戦争が激しくなって食料事情が悪化すると、食料としての利用法が真剣に研究された。結局食べ方としては醬油で煮しめて、適当に味を直して食べるということに落ち着いたわけである。

蛹ばかりでなく、幼虫も食べられている。養蚕地帯ではカイコの飼育をしながら生きているカイコをつまみ食いにしたという話もある。幼虫では元気なものより核多角体病というウイルス病に罹ったものの方がうまいといわれている。これはたぶん病蚕《びょうさん》は絹を分泌する絹糸腺が発達せず、絹糸腺に含まれているべたべたした物質が少ないことによるものと思われる。しかし核多角体病蚕の末期は、体の中の組織が崩壊してどろどろになっているので、食べるのは病気がそんなに進行しないうちだと思われる。ちなみに病蚕体内にはウイルスが充満しているが、このウイルスは人畜には感染しないので、食べても安全である。

カイコの成虫であるカイコガも、蛹ほどではないにしても地方により食べられていた。養蚕家はカイコガの卵を蚕種業者から買う。このためいろいろな品種のカイコの卵を製造販売する会社がある。これらの会社では産卵を終えた雌の成虫はもはや無用の長物である。これを捨てるのはもったいないので、食品化しようということで、前出の「かねまん」が砂糖と醤油で煮て大和煮と

図7　カイコガ蛹大和煮の缶詰

図8　カイコガ成虫大和煮の缶詰

した。その缶詰を「まゆこ」と呼んでいる（図8）。産卵後の成虫の腹部はぺしゃんこで、皮ばかりといった感じで、食べてもただ皮を嚙んでいる感じだが、それでもまだ胸部には筋肉が残っている。蛹の方はもっと内容が充実しているが、餌である桑に由来する独特の匂いがあり、これによって好き嫌いが分れるようである。

(d) ザザムシ

ザザムシとは川の浅瀬で水がザーザー音を立てて流れるような所にいる水生昆虫の主として幼虫の総称である。伝統的なザザムシ採りは、針金で作ったわらじのようなものをはいて川に入り、目の細かい籠を口を上流に向けて設置し、その数メートル上流を針金のわらじで川底を蹴散らすようにして歩くと、川底の砂や石の陰に潜んでいた虫が水に押し流され、下に置いた籠に入るという方法で行なわれる。このようにして採集される水生昆虫には、カゲロウ、トンボ、カワゲラ、トビケラなどの幼虫が多いが、ナベブタムシやマゴタロウムシと呼ばれるヘビトンボの幼虫も入ることがある。

ザザムシは日本全国のたいていの川にいるが、その種構成は当然その川によって異なるとともに、また時代によっても変わってくる。昔はザザムシのなかではカワゲラの幼虫が主であるといわれていたが、昭和三〇年頃、当時信州大学におられた鳥居酉蔵《とりぞう》博士が伊那市に近い天竜川で調べたところ、トビケラ幼虫が九三％で大部分を占めていた。伊那ではトビケラの幼虫はアオムシと呼ばれている。これは幼虫を突いたりして刺激すると、青緑色の体液を出すからである。伊那のアオムシには、ヒゲナガカワトビケラ、シマトビケラ、チャバネヒゲナガトビケラ、カワエグリトビケラ、ナガレトビケラなどが知られている。

種が同じでも産する川によって味が違い、天竜川のものが美味として知られている。またその天竜川でも、どこでも良いというわけではなく、伊那市の特定の場所にいるものが、最高といわれている。したがって多くの人がザザムシを採るために天竜川に集中した結果、天竜川のザザムシが激減するという事態になり、天竜川のザザムシ採集は一時禁止され、許可証がないと採れないことになった。この許可証は「虫踏み許可証」と呼ばれ、これを取得するためには、まず地元漁業組合の組合員であることが必要で、組合は申請書を取りまとめて建設省に提出し、建設省が許可証を公布する。建設省がザザムシ採りの免許を発行するのは筋違いのように思われるが、これは天竜川が一級河川であるので、国が管理しており、「虫踏み」によって川底が荒らされるのを防止するためということである。

許可証があればいつでも採集できるかというとそうではなく、解禁になるのは一二月から二月までの寒い時期で、この間でも一～二月に採集されたものが質が良いとされている。これ以外の時期に採れたものは泥臭いといわれている。現在許可証を持っているプロの採集人は四〇

図9　信州名物，天竜川のザザムシの佃煮。左の小箱の中は小さい缶詰，下は缶詰の中味で，トビケラの幼虫である。コウナゴの佃煮に似た味がする。

人くらいおり、一人一日二キログラムくらい採るといわれている。最近の年間の捕獲量は四〇〇〇キログラムくらいである。このようにして採集されたザザムシは、キログラム当たり約九〇〇〇円で売られる。これを調理して缶詰にした製品では、一〇〇グラム当たり四〇〇〇円となり、現在市販されている食用昆虫のなかで最も高価である。

現在のザザムシの主体をなすトビケラは二化性であるが、夏世代の幼虫は食用とされない。七～九月に産卵した卵から孵った幼虫が冬世代で、越冬前に脂肪などを蓄積するため、越冬中の幼虫は味が良いのだとされている。

トビケラは川底の小石や塵を綴って筒状の巣を作る種と、作らない種があり、前述の採集法で採れるのはしっかりした巣を作らない種が主体である。

ザザムシもイナゴと同様に、砂糖と醬油で煮詰めて佃煮にされる。しかし、佃煮になっても特有の風味があり美味である。形状、味などからいってコウナゴの佃煮に似ている。前出の長野県伊那市の食品会社「かねまん」からは缶詰になったザザムシの佃煮が販売されている（図9）。

(e)　鉄砲虫

鉄砲虫とはカミキリムシの幼虫のことである。長野県ではゴトウムシと呼ばれている。鉄砲虫は古くから昆虫のなかでは美味なものとされていたが、残念ながらそんなにたくさん集めることはできない。したがってどうしてもおやつ程度ということになってしまう。カミキリムシの幼虫は樹木の幹の中にトンネルを掘って穿入している。かなり奥深く入っているものもあり、トンネルの入口からは嚙み屑や糞などを排出するため、そこにカミキリムシの幼虫がいることはわかるが、中の幼虫を取り出すことはなかなか大変である。場合によっては木を伐り倒さなければならない。そして材を割り、削っていってやっと幼虫を採ることができるのである。そんなに深い所でなければ、針金の先を鉤状にしたものを差し込んで、引っ掛けて取り出すことも可能である。薪を燃料としていた頃、薪にする木を割っていると、カミキリムシの幼虫が出てきて、それをそのまま食べたというのはよく聞くことである。生木または乾材などに穿入しているカミキリムシ幼虫は生のまま食べても、衛生上危険はないと思うが、腐った木にいるものは要注意で、そのまま食べると寄生虫症に悩まされることになるかもしれない。生の鉄砲虫は甘味があり、とろっとした舌触りがする。西丸震哉氏は、鉄砲虫の刺身は最高だと言っている。火で炙ったり、焼いたりしたものは香ばしくて美味である。一般的には付け焼きにしたり、フライパンで煎って塩を振ったり、油で炒めたりして食べることが多い。大量に集めることが難しいため、缶詰やビン詰になって市販されている鉄砲虫はない。

(f) ゲンゴロウ

長野県の佐久地方では、田の鯉を揚げるとき採れたゲンゴロウを翅を取って焼いたり、炙ったりして塩を振って食べていた。雀焼きの味がするといって珍重されていたということである。また伊那地方ではゲンゴロウを「トウクロウ」と称し、網ですくい取ったものを一昼夜冷水で飼って泥を吐かせたあと生きたまま醤油で煮て食べたという。ゲンゴロウ食は結構歴史が古く、江戸時代米沢では金蛾虫と呼ばれ、それを醤油で煮たものは珍味としてお歴々でなければ口にできないほど珍重されていたということである（前項、三六頁参照）。ひと頃ゲンゴロウを採るのに、ゲンゴロウは肉食なので、池に犬や猫の死体を放り込んでおくとそれにたくさん集まるから、それを網ですくったという話もある。しかし、現在ではすっかり減ってしまったので、食べたくても食べられないという状況だと思う。

(g)　セミ

セミは西欧でも古代ギリシア時代に食べられていたという記録があるように、古い食用昆虫の一つである。日本でも長野県や山形県で食べる風習があったようである。現在でもセミが飛んでくると、捕まえるや否や口に放り込んでバリバリ食べてしまう人もいるようだが、これは特別な人であろう。従来の食べ方としては翅を除いて串焼きにするとか、ほうろくで煎って塩か醬油を付けて焼いたり、砂糖醬油で煮たり、また時には酢に浸したり、油炒めにして食べるというものであった。

かつて長野県の園芸試験場では、リンゴの木に付くセミ（主としてアブラゼミ）の幼虫を採って、缶詰を作っていたことがあった。セミの幼虫は土中に何年もいて、樹の根から汁を吸って成長する。成熟した幼虫は夏の夜に地表に穴を開けて出てきて、近くの樹や草に登り、明け方脱皮して成虫になる。このようにして幼虫が地上に出てきて樹に登る前に、樹の幹に金網を巻き付け、それの上縁を外側にまくり返しておくと、下から登ってきたセミの幼虫はそれを越えて上に登れず、金網の所で足止めをくってしまう。それを明け方集めるのである。採集したセミの幼虫は一昼夜水に漬けておいて、その後ゴマ油の入った鍋で三〇分くらい時間をかけてか

図10　かつて生産されたことのあるセミのから揚げの缶詰

らからに揚げ、油を切って調味料と塩を振りかける。これを缶詰にしたものである。試験場が缶詰を作るのを止めてから、東京では長野県出身者が経営する郷土料理店が同様に調理したセミの缶詰を作り、酒のつきだしに使っていた(図10)。食べた感じはエビのフライに近く、市販されている昆虫食品のなかでは最も美味であったが、セミがあまり捕れなくなったためか、人件費が高くて引き合わなくなったためか、生産を中止してしまったことは誠に残念である。

以上のほか、蛾の幼虫では、イラガの繭に入って越冬している前蛹《ぜんよう》を取り出してほうろくで煎って塩を振って食べるとか、ボクトウガ、コウモリガ、ブドウスカシバなどの木に潜入している幼虫は、カミキリムシの幼虫と同じように炙って醤油や味噌を付けて食べるなどが行なわれていた。

蜂の子は前述のクロスズメバチやミツバチのほか、スズメバチ、アシナガバチなども食べられている。スズメバチの幼虫は大きいので、串に刺して炙ったり、油で炒めたりして食べられている。

これらの昆虫はいずれも材料の昆虫がまとまって採れるものではないので商品化されておらず、したがって趣味で捕まえて食べるというくらいで、食料としてはマイナーである。

アリの類は外国では食用にしている所が多いが、日本では食べられていないようである。しかし、昭和三二年頃、長野県でアカヤマアリを多量に採って、東京の食品会社で加工してお菓子にし、輸出していたという話がある。これはアリをサラダ油で揚げたものをチョコレートに封入したもので、「チョコアンリ」と呼ばれたということである。同様のアリチョコは輸出ばかりでなく、ひと頃関西でも販売されていたことがあり、チョコレートの甘味とアリに由来する蟻酸の酸っぱさがうまく調和して、人気があったということである。

一方、昆虫食品は原料の輸入ばかりでなく、製品にも輸入されているものがある。最近では、アメリカのホット・リックス社から虫入りキャンディが輸入され、女子高生の間で人気を博したといわれる。この飴の中に入っていた虫はチャイロコメノゴミムシダマシの幼虫であった。

第四章　グルメの国、中国の昆虫食

一、虫食いの伝統

(a)　食虫の文献記録

中国における食虫の習俗は古くから伝えられている。『礼記・内則』には、蜩（セミ）、範（ハチ）が「人君燕食」される（君主が楽しんで食べる）との記述がある。また、『周礼・天官』には、天子の饋食（食事）として蟻の味噌が挙げられていた。つまり、今から三〇〇〇年前の周の時代に、セミ、ハチおよびアリは、すでに貴族の食品として利用されていた。さらに、それより前の殷の時代に、セミが祭祀品として使われていたことも甲骨文字から判明している。もちろん、これらの昆虫は貴族たちの専属品ではなく、当時一般の庶民にも広く食されていたと考えられる。その後もこのような習慣が中国各地の各民族に伝わっており、歴代の文献にもこのような記載が残っている。たとえば、春秋時代において食用のため、竿の先にとりもちを付け、熟練の技でセミ狩りしている様子が『荘子』に描かれていた。また、唐代劉恂の『嶺表録異』にも蜂の子やアリの食用が記録されていた。

セミ、ハチおよびアリ以外にも多数の他種昆虫の食用に関する史料が残っている。『農政全書』には、「唐貞観元年、夏蝗、民蒸蝗、曝、颺去翅而食之」と記述されている。つまり紀元六二七年に、当時のバッタの発生地域では、人びとがバッタを蒸して食べていたということである。また、呉瑞の『食用本草』には、カイコガ幼虫、趙学敏の『本草綱目拾遺』には、カミキリムシ、および方以智の『物理小識』にはゲンゴロウなどの食用がそれぞれ述べられていた。文献の記述はこのくらいにしておくが、より詳しく知りたい方は周達生氏の『中国の食文化』（創元社、一九八九年）を参照されたい。

古代中国で実際に食用にされていた昆虫は、上述した種類よりはるかに多いと推測される。一つの根拠として『神農本草経』には、薬用昆虫としてすでに二一種類が記載されていた。また、李時珍の『本草綱目』には五二種類が加えられ、延べ七三種類の薬用昆虫が記述されている。『本草綱目拾遺』は、さらに一一種類を補記し、薬用昆虫を八四種類まで増やした。これらの昆虫は薬用とはいえ、もともとは普通の食用昆虫であったと思われる。なぜなら、中国の食文化には、「薬食同源」との考え方があるからである。食物は薬の源であり、空腹感をしの

表1　「滋養品」とされている昆虫類

目	学名	中国名
トンボ	*Anax parthenope*	大蜻蛉
	Crocothemis servillia	赤蜻蛉
	Plantala flavescens	黄衣
カマキリ	*Tenidera aridifolia*	二点螳螂
	Hierodula patellifera	広腹螳螂
	Paratenodera angustipennis	華北螳螂
	P. sinensis	螳螂
シロアリ	*Coptotermes formosanus*	家白蟻
バッタ	*Acrida chinensis*	中華蚱蜢
	Ceraeri kiangsu	黄脊稲蝗
	Locusta migratoria	飛蝗
	Oxya chinensis	中国稲蝗
	O. intricata	小稲蝗
	Patanga japonica	日本黄脊蝗
カメムシ	*Aspongopus chinensis*	九香虫
コウチュウ	*Cybister tripunctatus orientalis*	三星龍蝨
	Martianus dermestoides	洋虫
ハチ	*Apis cerana*	中華蜜蜂
	Polyrhachis vicina	擬黒多刺蟻
カイコ	*Bombyx mori*	家蚕

(『中華天然補品資源大辞典』に記述されている昆虫種)

ぐだけでなく、つねに人びとの健康を考えたうえで使われるものである。「神農」らが当時広く食用にしていた昆虫から、薬用効果のある一部の昆虫を選び、試し食いなどにより効果を確認したうえで、薬用昆虫にしたと考えられる。実際にこれらの古代医薬書籍に記述されている多くの昆虫は、人びとの健康に良い「滋養品」として、現在でも中国各地の食卓に上ることがある。『中華天然補品資源大辞典』には、二〇種の昆虫がリストアップされ、六種のバッタおよび四種のカマキリ類がそれぞれ記録されている(表1)。

このように中国ではバッタ類が多食されていたと考えられる。これは中国の歴史上、バッタによる災害が頻発していたことと関連がある。陳家祥教授の統計によると、紀元前七〇七～一九三五年までの二六四二年間にバッタが大発生した年数は実に七九六にも達する。その度に多くの人びとは飢餓に苦しんでいた。蝗害の退治策として、明代の徐光啓らがバッタの捕獲・食用を勧め、「既除害、又佐食、何憚不為」、つまりバッタの食用は虫害を除き、食欲をも満たす一石二鳥なので、やらないという理由があるのだろうか、と訴えた。そのおかげでバッタが人びとに多食されるようになったのである。

以上簡単に中国における食虫の歴史を振り返ってきたが、次に中国各地での食虫風習の現状について述べる。

(b) 中国南部のグルメ

中華料理が世界中に広まり、多くの人びとに食されている理由は、工夫された料理法およびその多彩な素材にある。なかでも特に南部を代表する「広東菜」は、材料が豊富ということで有名である。日本でもよく使われているカニ、エビなどの海産物はもちろん、ネコ、イヌから、ヘビ、ネズミ、センザンコウにいたるまで、数多くの動物類が食用にされている。こんな土地柄なら、昆虫を食べないわけがないであろう。

広東地域で最も広く食用とされているのはゲンゴロウで、その味は実に美味である。それに関する物語が『食は広州に在り』の著者邱永漢氏によって精細に書かれている。それによると、氏の夫人は広州生まれで、子どもの時からゲンゴロウを食べて大きくなったという。氏との結婚の当初は、熱あつな新婚生活を考慮して、しばらくは我慢してそれを口にしなかった。ところが、ある日彼女の姉がお土産として一包みのゲンゴロウを持ってきた。すると、彼女はついに我慢できなくなり、夫に遠慮するよりもゲンゴロウの誘惑に負け、ボリボリとやり始めた。まず脚や翅をはぎ取った後、腸を取り除いてポイと口に放り込むのであった。ゲンゴロウ以外にもタイワンタガメ、ゴキブリなどの食用が知られている。

広東省に隣接する福建省では、食虫習慣がおおまかにいえば広東に類似し、ゲンゴロウ、タイワンタガメの食用風習もある。また、特殊な建築で有名な客家《はっか》地域では、マツのカミキリムシの幼虫がご馳走としてかなり人気があるらしい。林業研究者で知人の劉さんの体験談によると、客家地域では「馬尾松」というマツが多く植林されている。山地住民がそのマツを燃料としてよく使う。人びとはマツの木を伐採した後、そのまま林地に放置し、乾燥させ、農作業の少ない冬や春先などの時期に集中的に薪にする習慣がある。カミキリムシの成虫は成長の良いマツよりも好んでこのような倒木に産卵する習性があり、夏に生まれた卵は間もなく孵化し、幼虫は木の中に穴を穿って中から材部を食べて成長し、そのまま越冬するので、薪にする頃には、ちょうど食べるのによいくらい大きくなった幼虫が採れる。薪の作業場にはつねに多くの子どもたちが容器を持って集まり、マツの木から出てくる幼虫を拾い、家に持ち帰った後、親の作るご馳走を待つのである。料理法は意外に簡単で、真っ白で太った幼虫（大きいものは人の小指ほどの太さがある）を、生きたまま油で揚げ、少々の塩を掛けて食べるという。その味は？と聞くと、「それはおいしい、おいしい」の連発であった。それは豚肉、鳥肉などの味とは比べられないほどうまいのだということであった。虫の姿のままで食べて、少しでも嫌な気持ちにならないかと聞いてみた。すると、「いや、小さい時から大人たちが食べるのを見てきたので、これはおいしいものとしか考えていなかった」との答えが返されてきた。

さらに、客家の人びとは蜂の子や蛹を食べる習慣がある。種類についてはスズメバチ類が主として用いられているようであるが、とくに制限はなく、ハチであれば何でも食べるらしい。蜂の子の狩り方は煙襲撃法が主流であるという。親バチを煙で追い出した後、その巣を丸ごと取ってしまう。巣から出した幼虫や蛹は塩水に漬けた後に、油で炒めて食べるか、または蜂の子の粥にして食べる。とくに蜂の子の粥はなかなか贅沢なものだそうである。

ハチの食用習慣は中国の多くの地方で見られる。雲南省の首府昆明市の自由市場でも、ハチの巣が売られている光景が見かけられ、その値はだいたい巣のサイズで決められる。料理法には卵と一緒に炒めて食べる方法などがある。雲南省ではミツバチ科、スズメバチ科およびツチバチ科に属する五種の幼虫および蛹が食用にされるという報告がある。山地地域では大型のスズメバチなどが主である。しかし、中国の南部全体で見ると、ミツバチの幼虫および蛹の食用が最も盛んだと思われる。ミツバチは中国全土に広く分布し、古くから飼育されてきた。『中国養蜂業簡史』によると、西周時代から人びとはすでに野生のミツバチを管理して、蜂蜜を集めていた。後漢には早期のハチの養殖業がすでに形成され、ミツバチの人工飼育の時代に入っていた。現在では中国の蜂蜜の生産量はすでに一九万トンを超えている。蜂蜜の大量生産と同時に蜂の子、雄蛹の生産および加工技術も確立され、量産が行なわれている。とくに加工技術に関してはさまざまな研究が湖北省随州市蜂飼育サービス部、安徽省蚌埠雄蜂研究所および山西省農業科学院園芸研究所などによって行なわれた。現在、最も一般的に使われているのは塩漬け法で、幼虫や蛹を沸かした塩水に入れ、一〇～二〇分間加熱したあと、取り出して風乾させる。その後、袋詰めして保存するのである。市販品としては缶詰もある。これら加工したハチの幼虫および蛹は、炒め、油揚げ、蒸しなどの料理法によって宴会のご馳走メニュー、酒のつまみになる。さらに、餃子の具としても使われるという。

なお、広西、雲南、貴州などの少数民族地域では、バッタ、アリ、蚕蛹、シロアリ、レイチのカメムシ *Tessaratoma papillosa* および竹のゾウムシなどが広く食され、広西のムーラオ族は旧暦の六月二日を「食虫節」、つまり食虫祭と定めている。その日には、みなバッタの油揚げ、酢蟻、チョウの蛹の油炒めなどを作ってご馳走するという。

(c) 蚕農の献立

前節に中国南部の食虫習慣を広く述べてきたが、次は江南一帯および華北地域でよく食されている蚕蛹に焦点を絞って紹介する。

「古今東西を通じて人類に最も大きく貢献している虫と言えば、カイコの右に出るものはない。昨今ブームのシルク・ロードに象徴されるように、小さなガの幼虫が紡ぎ出す一筋の神秘な光沢を持つ糸は、ついに東洋と西洋を結び付けるほど強力であった」と、渡辺武雄の『薬用昆虫の文化誌』（東京書籍、一九八二年）に書かれているように、カイコは自分の故郷である中国の歴史に輝く一章を残した。史料によると、中国では五二〇〇年前の伝説上の黄帝時代にすでにカイコの飼育が行なわれ、ほぼ同年代に絹の紡績技術が確立されたと思われる。

一九二六年、山西省夏県西陰村にある新石器時代（今から四〇〇〇～四五〇〇年前）の遺跡から、半分が切り取られたウスバクワコ（カイコの前身）の繭殻が発掘された。そしてこの半分が切り取られているのは、中の蛹を取り出して食用にしたためであると推測されている。したがって、カイコガ食用の習慣はカイコガを人工的に飼育し始めた直後、もしくはその前にすでにあったと思われる。カイコガを食用に使ったことが具体的に知られるのは、後漢時代頃からで、『斉民要術』には、糸を採った後に残った蛹を客の接待に使ったというようなことが書かれている。実際蚕農や製糸工場で働いている人びとの間では、かなりカイコガの蛹が食べられていたと思う。これに関して次のような記述がある。「彼女たちは、朝から晩まで、始終食べているように思われる。何時間も休みなく働き続けなければならないし、目の前には、いつでも調理ずみの食物があるのだから。製糸工場の前を通ると、食物が煮えるおいしそうな匂いが流れているものだ」。

現在、中国の養蚕業は主に浙江省、江蘇省などを中心に、全国各地に分布する。江南一帯では、蚕蛹の食用習慣が依然として残っている。その主な食べ方は茹でた蛹を水切りした後に、油で揚げ、塩などの調味料をかけて食べる。とくに七〇年代の前半までは、多くの飲食店で蚕蛹の油揚げが売られていた。しかし、七〇年代の後半から、人びとの生活レベルの向上にともない、畜産業が急速に発展した。それとほぼ同時に、蚕蛹が一般飲食店から姿を消し、飼料としてニワトリや豚のご馳走になったのである。蚕蛹の特有な匂いが蚕蛹食用の普及を妨げる一因でもあったと思われる。ところが、近年人工飼料の使用により蚕蛹の匂いも多少変わったのだろうか、カイコガの蛹はふたたびレストランのメニューに上るようになった。しかも現在このメニューは多くの場合、官官接待、民官接待または会議の食卓に用いられているらしい。したがって、カイコガの蛹はすでに蚕農の特有な献立から、経済発展の波に乗って宴会メニューに変身したわけである。

カイコガよりも人気があるのはサクサン（柞蚕）の蛹である。もともとサクサンは、カイコガと同様に糸を取るために古くから山東省、遼寧省などで飼育されているのであるが、その蛹の大きさがカイコガより遥かに大きいので、グルメたちの注目を集めた。現在、北京、河北省などの多くのレストランでは、注文すれば必ずサクサンの蛹を賞味できる。また、全国的な農業学会、昆虫学会などの会議の食卓にもよく出されるという。

北京では冬になる前に、人びとがみな白菜を、廊下が一杯になるまで、大量に買い貯める話は、よくNHKのニュースにもなるほど有名である。最近は「超級市場」（スーパー・マーケット）で冬でもいろいろな野菜を売っているので、白菜を買い貯めする必要は少なくなった。しかし、グルメたちは変わったものを廊下に貯めるようになったらしい。私は知人から次のような小話を聞いた。

北京の官僚住宅の廊下には冬になると、大きな麻袋がぶら下がっている光景が見られる。その中身はサクサンの蛹で、地方の人が献上したものらしい。サクサンはカイコガと違って蛹で越冬するので、廊下に置いておけば、冬の間に新鮮なご馳走の材料はつねに確保できる。そのせいなのか、市場におけるサクサン蛹の値段が繭よりも高くなり、食用に回されたサクサンの繭が多い。本来の目的である繰糸用の繭はほとんど市場に出なくなった。これでは、自分たちの仕事が官僚に食われてしまうのではないか、と関係者の苦情が聞こえるほど、サクサンの人気は高い（図11）。

蚕蛹以外にもイラガの前蛹や豆に付くスズメガの幼虫およびセミなどが江蘇省や山東省で食べられている。とくにセミは子どもたちの好物でもある。

(d)「童趣」——子ども時代の想い出

私は食物に対する好き嫌いがほとんどないが、唯一例外なのは大豆である。親の話によると、子どもの時に枝豆にメイガ類の幼虫がいるのを見て、食べなくなったらしい。以来神経質になり、大豆そのものに対して拒絶反応を示し、いまだ枝豆や大豆を家の食卓に載せることはない。ちなみに大豆を加工した豆腐は大好きである。こんなに虫嫌いだった少年時代の私でもセミを口にしたことがある。

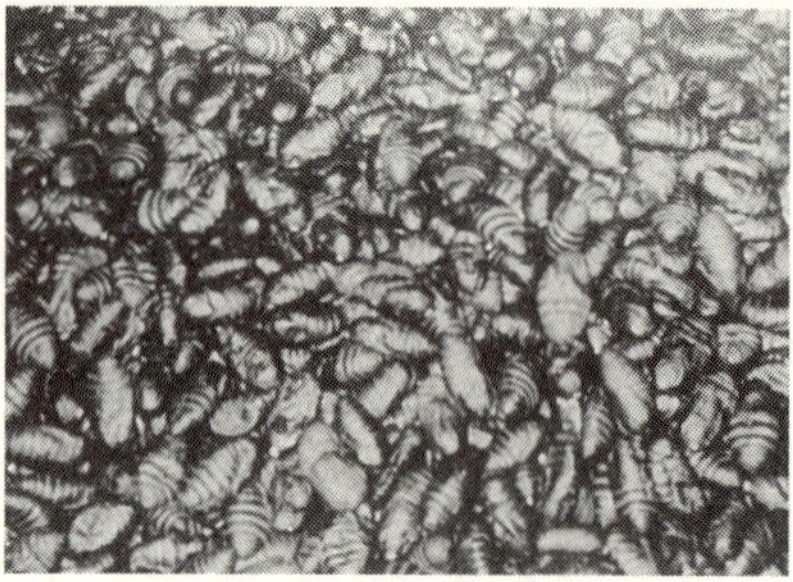
図11　市場で売られているサクサン蛹

私の故郷は中国江蘇省の海門県にある。数千キロメートルの長旅をした揚子江（長江）の水がここを通って海に流れ込む。広々とした大地に麦や稲および綿花などを主とする農産物が栽培される農村地帯である。農民の主な経済収入になるのは、綿花以外にもう一種薄荷（ハッカ）

という作物がある。ハッカの収穫状況のいかんによってその年の収入がほぼ決まる。そのハッカの収穫は、七月中旬から八月にかけての真夏に行なわれる。刈り取ったハッカを大きな蒸溜釜に入れ、数時間をかけてハッカ油が出尽くすまで石炭を燃やす。冷却の過程において大量の水が必要なので、蒸溜装置はほとんど川沿いに設置される。

夏の昼間の気温が三五℃を超えることもよくあるので、農作業の忙しいときでも昼の休憩時間が長い。ほとんどの大人たちがそれを利用して昼寝し、午前中に消耗した体力を補い、午後の作業に備える。そのとき、セミの鳴き声は実に「お邪魔虫」である。

大人たちが昼寝をしている間は、私たちのような子どもにとって最も遊びに良い時間である。みな声を掛け合いながら、長い竿を手にして川沿いに集まる。まずは川に飛び込み幅が数十メートルもある川を泳ぎ渡る。数往復泳いだ後、疲れたところで、岸に上がり、長い竿を持って川沿いにあるポプラや、ヤナギに止まって鳴いているセミに狙いを絞る。竿の先端には二種類の仕掛けがある。その一つはビニール袋か布袋を針金で留めるもので、もう一つは竿の先端に三角形の枠を付け、その枠にクモの巣網を巻き付けるのである。とくに後者の場合では、クモの巣網を巻き付けるタイミングが非常に重要である。一般的にクモの網は朝の時間に粘りが強いので、その時間に巻き付け太陽の当たらないところに置いておくのがコツである。

私たちはそんな仕掛けのある竿を持ち、サルのように木に登ったり、腕を伸ばしたりして、木の枝の茂みに身を隠しているセミに接近し、仕掛けをセミの背中に触れさせると、セミがびっくりして逃げようとする。だが、翅はクモの網にくっつき、もがけばもがくほど体が絡まってしまい、私たちの獲物になる。

取れたセミを持ってハッカ油の蒸溜作業場に行き、作業しているお兄さんや小父さんに頼んでセミを焼いてもらう。蒸溜釜の燃料は約一〇分間隔で入れるが、セミを焼くときは、途中で燃料の投入口を開けて様子を見る必要があるので、作業の邪魔にもなる。したがって、すんなり応じてくれない人もいる。そんなときは、ご機嫌を見ながらねだる。そうすれば、ほとんどの人はやってくれる。若いお兄さんの場合では獲物を分けてやる手口も使う。こうやってできた焼きたてのセミの胸部筋肉を食べるのは、われら子どもの楽しみであった。味はどうだったかと聞かれると、記憶力の悪い私には確かな覚えがないが、香りがよく、けっしてまずい味はしなかったはずである。

このようにセミを焼いて食べる習慣は江蘇省では一般的である。おそらく、現在でも子どもたちが私と同じようなことをやっているのだろう。しかし、近年中国の農村でも大きな変化が起こり、私の故郷ではほとんどの男性労働力が出稼ぎ、あるいは郷鎮企業（一般に地方にある中小企業のこと）の勤めに行ってしまった。残りの婦人たちは家族単位で自由に作物を選び、多くの人が手間のかからないものを栽培するようになった。ハッカのような栽培に手間や設備が必要になる作物は徐々に少なくなった。かつて少年たちの楽しみの場でもあったハッカ油の蒸溜場がしだいに消えていくのは、何となく寂しく思う。

セミの幼虫も山東省、河北省などでは食用に用いられている。私のかつての同僚で現在でも南京林業大学に勤めている張助教授がこんな体験談をしてくれた。

「仕事で山東省へ出張中のある日、知人らが設けた宴会の席に着いた。多様なメニューにセミ幼虫の油揚げの一皿があった。主人らは、私に市場ではセミの幼虫は一匹〇・三～〇・五元ぐらいの値段がすると紹介してくれたが、私に遠慮でもしているのか、なぜかセミに箸を出さない。私はこんな珍味を食べないと、もったいないと思い、人の目を気にしないでバリバリ食べ始めた。なかなかの美味であった」という（図12）。

図12　から揚げにされたセミの幼虫

セミの話はここまでにしておく。次は健康食品としてのアリの食用について述べる。

(e)　健康食品の王様

健康食品というと、まず思い出すのは「冬虫夏草」である。数年前、中国陸上女子長距離および水泳チームの成績の飛躍により、一躍世界にその名が知られ、スポーツ界、健康食品および飲料業界の注目を浴びた。とくに「馬軍団」が使ったといわれている飲料が中国で飛ぶように売れた。日本でもいくつかの業者がその専売権の獲得のためにせり合っていたらしい。厳密に言うと、「冬虫夏草」の本体は菌類であり、本書の主題と少々異なるので、これについては、これ以上筆を進めない。ここでは、近年中国で健康食品として頭角を現し、もてはやされているアリを紹介したい。

アリはハチと同じ膜翅目に属する虫で、種類が非常に多い。本項の初めにもすでに述べたようにアリは中国で最も古くから食されてきた虫の一種で、料理法も多様である。雲南のタイ族では、アリのサラダ、アリのおにぎり、広西のチワン族では、アリのニガウリ炒め、アリの味噌などが賞味されている。しかし、近年健康食品としてアリの名が広く知られるようになったのは、さまざまな研究によりアリの栄養成分、生理的および薬理的なメカニズム、安全性などがしだいに明らかになってきたからである。

化学分析の結果によると、アリのエネルギー量は同じ重さなら牛肉の四倍で、タンパク質量は乾燥重量の四二%を占め、大豆やエビなどと肩を並べられる。また、アミノ酸や、人体に必要な微量元素、ビタミンなども数多く含まれ、とくに亜鉛の量が最も多い。一九八八年一二月に、中国予防医学院、中国中医研究院、北京栄養源研究所などの専門家によるアリの栄養価値審査会が開かれ、アリは「微型動物の栄養宝庫」であるという結論が出された。

老化を防ぐ効果があるというのが、アリ健康食品の推進者の宣伝文句の一つである。それによると、黒竜江省紅星農場の閻中山という老人が九七歳にもかかわらず、視力や聴力および記憶力など、何ひとつ衰えが見えず、時どき自転車で大工の仕事に出かけたりする。その長寿の秘訣を聞かれると、「アリのおかげ」という。話によると、約四〇年前、閻氏は山から薪を運び出す途中に、アリの軍団が彼ら自身の体よりはるかに大きいものを運んでいる光景を見た瞬間、閃きが湧いた。もしかしたら、アリを食べれば体を強めることができるかもしれないと思いつき、アリを捕まえて食べ始めた。採集したアリを煎った後、粉にし、適当に卵の白身や蜂蜜を入れ、蟻団子にして毎日二、三個ずつ食べるようにして、四〇年間も続けた。この結果、閻氏は精力がつねに旺盛で疲れを感じなくなり、六四歳には末子をもうけた。また、七三歳および九六歳の時に二回も歯が生えたという。類似した例が中国でいくつか報告されているが、これら長寿の例が本当にアリの効果によるものだという実証はない。近年、研究者の努力によりアリはマウスの胸腺、脾臓など、免疫と関わりのある器官の機能を増強し、免疫力を強化させる効果のあることがわかった。そのメカニズムとして、アリの体液中に含まれている微量元素、マンガン、セレンおよび亜鉛などの働きが重要視されている。さらにハエを用いた実験でも、蟻粉がハエの寿命を延ばさせることが示唆された。これらの結果を人の長寿に直接に結び付けるのは短絡的であるが、一つの傍証になると考えられる。

一方、アリには鎮痛や炎症、B型肝炎、免疫性異常などへの治療、および精力増強などの効果があることも報告された。とくに、アリを用いたリューマチの治療が注目を浴びている。南京では、軍の施設を利用してそれを専門とする「金陵蟻治療中心」という医療センターが設けられている。

リューマチは世界的な難病の一つであるが、その病因は未だ解明されていない。一説には、免疫機能の異常によるものであるという。中国では約一一〇〇万の患者がいるといわれ、少年から老人まで、どの年齢層でも発病の可能性がある。とくに女性の発病率の高い傾向が見られる。しかし、根本的な治療法がないのが実状である。金陵蟻治療中心では、中国医学の陰陽理論をもとにリューマチの病因を腎臓、肝臓および脾臓の機能低下に起因すると考え、この難病へのアリを用いた治療を試みた。彼らはアリを主成分とし、他の数種類の漢方薬を含んだ特効薬を使い、一九八八年から一九九〇年までの二年間に二万八〇〇〇余りの病例を治療した。三カ月以上続けて治療を受けた一万例について統計したところ、治療を受けてリューマチが治ったのは一一〇〇例で、全体の一一%、明らかに有効および有効なのはそれぞれ五〇%、三九%であった。実に見事な成果といえる。一般的に純アリ製剤で治療する場合では一カ月後に、複合製剤の場合では一週間後に効果が見られるという。中国全土から治療に訪ねてくる人が後を絶たず、治療を受けるために、数日間を待つケースもあるらしい。もし、このような報告がす

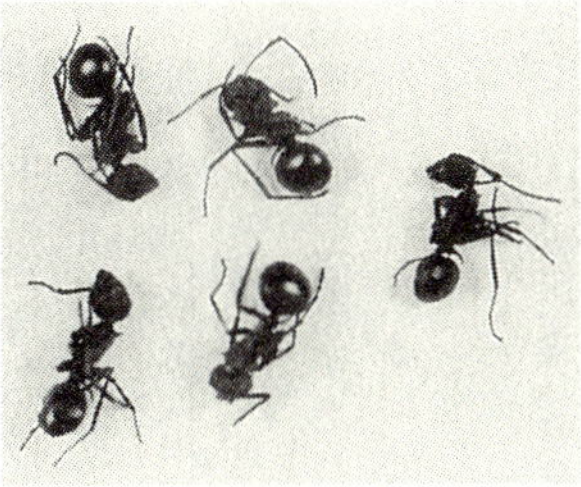

図13　北京の薬用アリ食品専門店で売られている乾燥したアリ

図15　薬用アリ食品店で売っているアリ抽出物入りの酒「蟻皇神酒」

図14　アリ抽出物を含む紅茶のようなインスタント飲料「蟻宝茶」。手前の袋の中身を茶わんに入れ熱湯をそそいで飲む。

べて真実であれば、近い将来、きっと日本の患者も南京を訪ねていくに違いない。

ちなみに、現在最も多く食用や治療に使われているのは擬黒多刺蟻（*Polyrhachis vicina*）という種である。同種は中国南部の広西、雲南などの地域に分布するが、最近、人工飼育技術も確立され、一部の地域ではアリの飼育場が設立されている。北京ではこのアリを加工した健康食品の専門販売店があり、売られているのはアリの乾燥品（図13）、蟻粉、蟻粉を加工したドリンク用粉剤、カプセル、「蟻宝茶」（図14）および「蟻皇神酒」（図15）など、実に多彩である。

(f) 昆虫食品産業の芽生え

上述したように中国では、食虫の歴史が長いけれども、地方の風習によるもの、または薬用や、子どもの楽しみとして利用されるものが多かった。しかし、ここ数年来、人びとの自然や健康に対する関心が高まり、健康食品の需要が伸びている。このようなことを背景に昆虫研究者、食品および医療保健関係者が協力し、昆虫食品の研究および開発に乗り出した。

現在、中国で食用昆虫として研究されているものとして、チョウ、ハエ、甲虫類、バッタおよびシロアリなどが挙げられる。それ以外にも数多くの昆虫が食用および薬用資源として検討されている。一方、従来の昆虫産業の総合的な利用および新製品の開発も進められ、カイコガを素材とした味噌や醤油などがすでに市場に出回り、ハチ幼虫の粉末なども開発されている。

また、昆虫の生産、加工および貿易を専門とする企業も誕生した。一九八七年河北省の食品貿易会社と日本の業者との間に二八トンのイナゴの日本向け輸出契約書が交わされている。山東省魚城野菜加工工場では、アメリカ向け輸出用のセミの幼虫を加工しているが、一九八八年の一カ月だけで二〇〇万匹のセミを扱ったという報告がある。なお、直接に昆虫を取り扱うレストランも北京、上海などの都市部に次々と開業した。上海の昆虫レストランには中国科学院上海昆虫研究所がスポンサーとして名を連ねている。

昆虫食品を普及させるには、人びとの意識改革が必要と思われる。その一役を果たすために、一九九六年の夏、八〇名余りの昆虫関係者がある農業大学に集まり、「昆虫宴」を設けた。バッタ、アリ、ハエ、ワタキバガなど十数種類の昆虫が料理され、「美食家」たちの餌食になった。このことがマスコミに取り上げられ、議論を呼んだ。

このように中国の昆虫食品産業は官、学、民と、三者一体になって育てられ、その芽生えが見えてきた。今後はさらに発展し、立派な樹に成長するであろう。筆者もそれを心から期待している。

（茅　洪新）

二、食虫習俗見聞記

いうまでもなく中国は東洋医学の発祥の地である。一六世紀の末に明の李時珍が三〇年の年月をかけて完成させた漢方薬の大辞典『本草綱目』には、多彩な薬種とその効能が述べられている。本草とは「薬の本《もと》になる草」の意味であるが、この中には多数の昆虫類も記載され、またその多くが今日もなお医薬として用いられている。多くの漢方薬がそうであるように、昆虫類も化学的な有効成分となると未知のものが多く、研究は今も続けられている。一方、今日の西安、北京、成都のように歴史的に首都の多くが内陸部にあった中国においては、古来貴重なタンパク質源として昆虫食も盛んに行なわれた。そうした事情から経験的に食用から医薬に利用された昆虫もあろうし、また、医薬から食用に転化した逆のケースもあろう。いずれにしても、中国に限らず多くの事例で食用昆虫と薬用昆虫は不可分の関係にある。

筆者は、縁あって最近しばしば中国を訪問する機会に恵まれているが、ここではそうした折りの食虫に関する見聞を紹介したい。とはいっても広大な大陸のほんの一部の、しかも短期間の見聞であり、これが奥の深い中国の食虫習俗を代表するものではないことをお断りしておきたい。ただ、サンプルを持ち帰り、それぞれ専門家に同定していただいたので、従来抽象的な名称で紹介されることの多かった食用昆虫の種名を特定できた点は記録に残す価値があると思う。

なお、食用昆虫の価格は中国元と、それを換算したおよその日本円を併記したが、換算率は年次変動がかなりあり、ここでは最近の平均的な換算率である一元ほぼ一三円をもとにした。

(a)　広州で食べた「昆虫料理」

一九九三年一〇月に広州に滞在した際、宿泊したホテルの張さん（後述）から、広州に昆虫料理を食べさせる店があることを聞き、早速出向いた。屋台的な店を想像していたが、広州の目抜き通りにある「東山酒家」と称するその料理店はネオン輝く堂々たる店構えで、昆虫料理は特別メニューの一部として供されていた。図16は持ち帰ったメニューのうちの特別料理のリストの一部のコピーとその和訳である。さすがに「食は広州から」のことわざ通り、われわれの感覚では「相当な代物」が並んでいる印象を受ける。また、中国の物価から見てその値段は大変高価といえる。

さて、メニューの＊印が、われわれが注文して試食した料理である。メニューにあるミミズやヒキガエル（たぶん食用ガエル）やオオヤモリにも大いに興味をそそられたが、この際は虫に専念することとした。この試食の席に連なった面々は筆者のほか小山重郎氏（前・蚕糸・昆虫農業技術研究所所長)、劉建軍君(中国農業科学院生物防治研究所研究員)、張暁梅さん(珠海特区大酒店旅遊部職員)の三名である。なお、劉君は京都大学で学位を取得した当時三〇歳の気鋭の昆虫学者である。張さんは旅行社の若い女性でかねてから一度昆虫料理を食べてみたかったそうである。また、小山氏は折悪しく体調を崩し、料理の昆虫の前歴・素姓不明に大事をとって、残念ながら試食には参加せず、立会人とメモ取りの役を受け持った。

(b) 昆虫料理各論

図16の＊印の順序に従って、昆虫料理の内容と味を紹介すれば次の通りである。料理の原名は図16を対照されたい。

桂花蟬の山椒塩漬け ただ一匹のタガメを油で揚げてセリ科香辛野菜コエンドロを添えてある(図17)。本体はタイワンタガメ *Lethocerus indicus*(市川憲平氏同定)である。タガメは日本でこそ食用にされていないが、タイ国をはじめ東南アジアや中国南部で香辛料や料理に多用され、小西正泰氏のいわゆる「タガメ食用圏」を形成している。塩漬けにして保存され、日本でも上野のアメ横の中華料理材料店で入手できる。タガメはもともとセミと類縁の近い昆虫なので、これを「蟬」とした分類的見識には敬意を表したい。また、ただ一匹で一皿を彩るのは王者の風格である。ただし、試食の結果は特有の風味は感じられず、塩味と揚げた油の味だけで、

"田基"美食（厨师特别介绍NO:B）

	元
椒盐桂花蝉（每只）	8
奇香桂花蝉（每只）	8
田园竹象（小碟）	6
和味龙虱（小碟）	8
豉椒炒龙衣	16
五彩炒龙衣	16
生炸鲜蝎子（半打）	28
鹿儿岛海草金婵	56
绿叶金婵	20
椒盐局金婵（小碟）	16
锦绣炒蚯蚓	38
贡菜炒蚯蚓	38
腰果锦绣炒蚕虫	17
洋腿鸡粒炒蚕虫	13
麻辣局蟾蜍	33
椒盐局蟾蜍	33
原盅鸡炖蛤蚧（大盅）	83
蚂蚁芙蓉旦	30
蚂蚁归巢	28
瓦罉届水蛇碌	38

"田基"美食（料理人推薦特別メニューNo.B）

	円
＊桂花蟬（タガメ）の山椒塩漬（匹毎）	100
＊桂花蟬の香り漬（匹毎）	100
＊竹象（虫）の塩漬（小皿）	80
＊龍蝨（ゲンゴロウ）の薄味付け（小皿）	100
蛇皮の納豆山椒炒め	210
蛇皮の五目野菜炒め	210
＊生き蠍（サソリ）の唐揚（半ダース）	360
金蟬（セミ）唐揚の鹿児島海草盛り	1,730
＊金蟬唐揚の緑葉盛り	260
金蟬の山椒塩蒸し煮（小皿）	210
蚯蚓（ミミズ）ピーナッツ炒め	490
蚯蚓野菜炒め	490
＊蚕蛹のカシューナッツとピーナッツ炒め	220
蚕蛹のハム・鶏ミンチ炒め	170
蟾蜍（ヒキガエル）辛味蒸し煮	430
蟾蜍入りお粥	430
蛤蚧（オオヤモリ）と鶏肉煮（大椀）	1,080
卵と蟻の唐揚	370
＊蟻の巣帰り	360
水蛇の壺煮	490

図16　広州「東山酒家」の特別メニューの一部（左）とその翻訳（右，表記は本文と一部異なるところがある）。

図17　桂花蟬（タガメ）の山椒塩漬け（広州，1994）

図18　竹象（オオオサゾウムシ）の塩漬け（広州，1994）

三名とも「うまくもまずくもない」判定であった。

ちなみに、タガメをはじめ、多くの料理に添えてあるコエンドロ *Coriandrum sativum* は、地中海地方原産のセリ科香辛野菜でソース原料として多用されているが、東南アジアではパクチーの名で日常的に生食されている。この属名はギリシア語の〝coris（カメムシ）〟に由来し、それと似た臭い（匂い？）成分を持ち、食べると文字通りカメムシ臭が口中に広がる。日本人でも南の暮らしが長くなると、料理に「これが付いていないと食べた気がしない」の境地に達するらしいが、筆者はその域にはほど遠い。

桂花蟬の香り漬け　前記と全く同様なタイワンタガメの一匹姿盛りで、見た目には両料理の差はわからなかった。サンプル持ち帰りのため、この料理だけは試食しなかった。

竹象の塩漬け　前記の香辛野菜コエンドロの上に、

から揚げにしたタイワンオオオサゾウムシ *Macrochirus longipes*（森本桂氏同定）の成虫が一ダースほどばらばらに盛り付けてある（図18）。本種は中国から東南アジア一帯に広く分布し、タケノコを加害する幼虫が各地で盛んに食用にされている。しかし、成虫を食べる話は聞いたことがない。この成虫は昆虫針が通りにくいほど皮膚が固いが、料理は歯で簡単に砕ける程度の固さであった。もっとも味の方はやはり、うまくもまずくもなかったが、ザラザラしたカスが残る点だけ気分的にまずい方に属する。なお、料理名から、材料は塩漬けにして保存しているのであろう。なお図19は、四川省の仏教聖地で有名な峨眉山麓で撮影したもので、子どもが手にしている笹には、数匹のこのゾウムシの脚を折って、折り口に小枝を深く差し込んである。おじいさんが孫に作ってやった遊び道具であるが、遊びに飽きれば焼いておやつに食べるとのことであった。

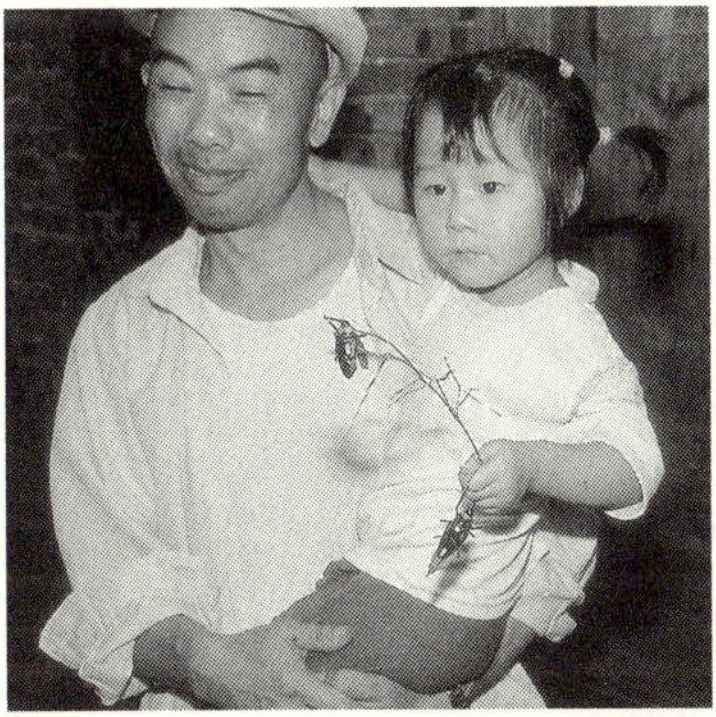

図19　オオオサゾウムシで遊ぶ子ども
（峨眉市，1995）

龍蝨の薄味付け　ゲンゴロウ（龍蝨）はタイの北部でもよく食用にされているが、日本でも最近まで食用にされていた。さて、この料理は料理法も盛り付けも虫の数も前記のゾウムシとほぼ同じであった。ただしその「龍蝨」は大小さまざまで、日本と共通の次の三種が混在していた。ゲンゴロウ *Cybister japonicus*, コガタノゲンゴロウ *C. tripunctatus*, ガムシ *Hydrophilus acuminatus*（いずれも佐藤正孝氏同定）。

なお、稲垣健二氏らは一〇年余り前に、香港の生薬市場品の「龍蝨」を調査し、佐藤氏の同定によって四種のゲンゴロウ科のほかに二種のガムシ科が混在していたことを報告している。また、日本でも古くゲンゴロウとガムシは混同され、ともに食用に供されていた。この混同はユーザーにとってはどうでもよいことながら、試食の感想は三名とも「二度と食べたくない」であった。料理法や保存法にもよるのであろうが嫌な味と臭みがあり、どうしてこれが各地で珍重され、日本でも昔、「君侯並歴々ナラデハ食ワザルヨシ」になったのか理解に苦しむ（前出、第三章「日本の昆虫食」一の江戸時代の項を参照）。

生き蠍のから揚げ　昆虫の親戚筋のサソリ（クモ綱・サソリ目）のから揚げは中国で現在普遍的に食べられている。種類は比較的北方系のキョクトウサソリ *Buthus martensi*（大野正男氏同定）で、北京の高級料理店でも同じものを食べたことがある。また、テレビなどで中国のイカモノ料理の紹介では必ず登場するスターでもある。から揚げの生けるがごとき姿造りで、料理店では生きたサソリが常時確保されているらしい。味はエビに似て、三名とも「また食べてもいい」程度に美味であるとの評価であった。

金蟬から揚げの緑葉盛り　羽化寸前のセミの幼虫を油で揚げ、一〇匹ほどを炒めた野菜（チンゲンサイ?）と盛り合わせた料理である（図20）。後述のように、セミを食べる習俗は世界的に普及している。かつてアリストテレスは「羽化前のセミの蛹が最も美味である」と記録しているし、アメリカでは周期ゼミが発生すると料理法が新聞に出るし、日本でも信州酒場に行くとアブラゼミの幼虫のから揚げが食べられる。もちろん中国でのセミの薬用・食用としての歴史はとてつもなく古い。とくに孔子の時代には今よりも盛んに食べられていたという。筆者も以前に日本でアブラゼミの幼虫のから揚げを食べ、味に悪い印象を持った経験があるが、今回のセミは日本には分布していないスジアカクマゼミ *Cryptotympana atrata*（林正美氏同定）だったためか、思ったよりも美味であった。劉君は「うまくもまずくもない」。張さんは「ぜひまた食べたい」ほどおいしかったそうである。

図20　金蟬（セミ）から揚げの緑葉盛り（広州，1994）

蚕蛹のカシューナッツとピーナッツ炒め　筆者は戦争中にカイコガの蛹をさんざん食べさせられて臭みに辟易《へきえき》し、そ

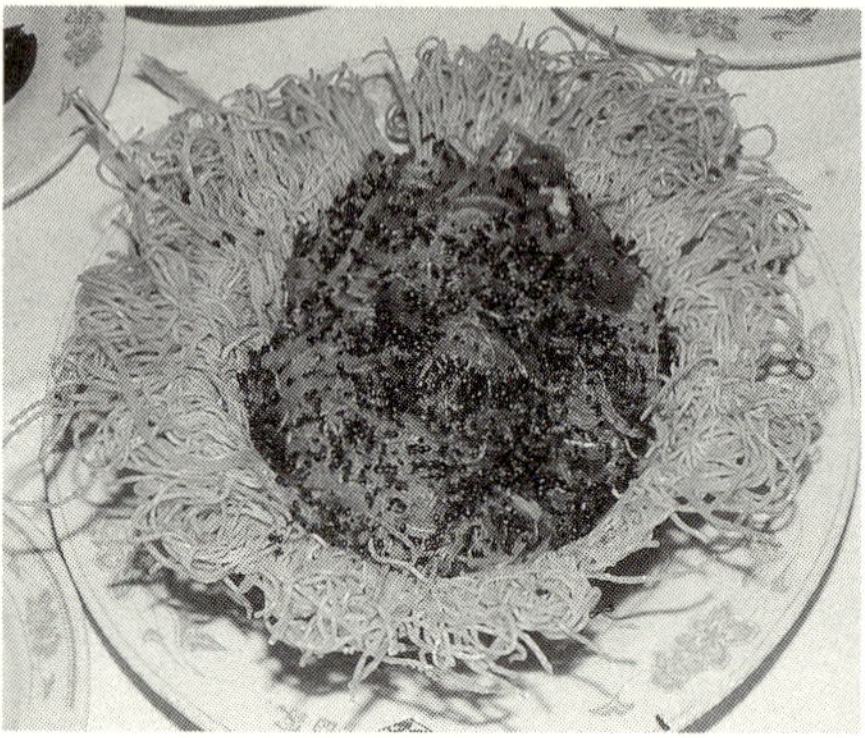
図21　蟻の巣帰り（広州，1994）

の味にはセミよりももっと悪い印象がある。が、カイコガの蛹を食べるのは日本を含めて養蚕国ではごく普通の習慣で、その記録も枚挙に遑《いとま》がない。今回の料理は、カイコガの蛹をナッツやタマネギ、ピーマン、ニンジンなどとともに味付けして炒めたもので、張さんによれば広州ではどこの料理店にもある一般的で、かつ、すこぶるおいしい料理だという。そう聞かされたためか、半世紀ぶりに食べた蛹は昔日の臭みもなく、依然うまくはなかったものの、そう抵抗もなく食べられた。

なお、中国では調理されたアルミパック入りの蛹が「金蛹」の名で食料品店で売られているので、カイコガの蛹は一般家庭用の料理としても使われているようである。

蟻の巣帰り　麺を揚げて作ったバスケットの中にピーマンとニンジンであえた春雨を盛りつけ、その上に油で炒めた大量のアリが振りかけてある（図21）。味はピリリと辛く、この辛さがアリに由来するものかどうかをみんなで検討したが、これはコショウの辛さで、おいしい料理ながらアリの味そのものはわからないというのが結論であった。アリの種名はクロトゲアリ *Polyrhachis dives*（近藤正樹氏同定）で、中国南部からニューギニア、東南アジア一帯に分布する。日本にも沖縄本島以南の南西諸島に生息し、生きたものが多摩動物公園でも展示されている。枝や葉を終齢幼虫の吐糸を用いて紡ぎ、樹上に営巣する。生態はツムギアリ類に似るが別のグループである。

アリを食べる習俗も日本を含めて全世界に見られ、とくに東南アジアではツムギアリ類がその主体をなしている。しかし、これらの記録の中にはかなりの比率でクロトゲアリも含まれているものと思われる。いずれにしてもこうした樹上性のアリの巣の中には土砂粒がなく、一網打尽で大量入手が可能なことが、味以前の問題として食用に選択された最大の理由と思われる。

神蜉酒　図16のメニューにはないが、同じ「東山酒家」の売店で求めた酒である。容器の高さ一五センチメートル、アルコール濃度三八％、価格は二六元（約三四〇円）。添付の効能書きを要約すれば次のような酒である。

「神蜉酒は広西省の野生の黒蟻の有効成分を特別精製抽出して用い、不思議な効能を持つ。周時代の帝王の食事にも蟻と蜩（セミ）と、範（ハチ）が含まれ、清時代の『本草綱目拾遺』にも、古人の作った「蟻醬」は気力を増し、とくに冬に食べるとすさまじい効果があると書かれている。漢時代の筋骨軟弱の治療薬「金剛丸」の原料も蟻である。多くの蟻が食用になり、その栄養分はタンパク質とペプチドのほか、必須アミノ酸をはじめ数十種の有用成分が含まれる。よってわが工場は〝神蜉酒〟を研究開発した。食欲増進・不眠症改善・疲労回復・精神高揚・知力向上・健忘症防止等に神奇な作用を持つほか、リユーマチ治療、ハゲ防止、強壮効果も高いことが証明されている。黒蟻の卵と成虫、蛤（オオヤモリ）等すべて天然動植物で醸造した。朝晩一五〜一五〇ミリリットルを飲むが、酒飲みは多めに飲んでもよい。（以下、使用者の感謝の手紙が続く）」

これでは飲まずにおられようか。中身は濃褐色で薬草臭のある比較的飲みやすい酒であった。中のアリは取り除かれていて種名は不明だが、場所やアリの卵まで用いたなどの傍証から、前記のクロトゲアリの可能性が高いと筆者は推定している。

(c) 雲南省・西双版納で見た食用昆虫

現在、中国において最も昆虫食が普及しているのは雲南省を中心とした南部内陸部で、ここでは救荒的な目的ではなく、好んで昆虫類が食用に供されている。

一九九六年一一月、雲南省南部のラオス、ミャンマーの国境に近い西双版納（シーサンバンナ）を訪れる機会があった。ここは中国唯一の広大な熱帯雨林とさまざまな少数民族の部落が点在し、近年観光地として有名になりつつある。そして、この地の最大の少数民族はタイ族で、タイ北部文化圏の一部を形成している。また、この辺りからタイ北部およびラオス北部を結ぶ巨大な三角地帯こそは、「食虫トライアングル」とでもいうべき世界屈指の食虫地帯である。筆者の友人の中国林業科学院資源昆虫研究所の陳暁鳴氏の話によると、未同定のものが多いが雲南省だけでほぼ一〇〇種に及ぶ昆虫が日常的に食用に供されているという。

筆者が訪れたときは、「食虫」はややオフ・シーズンであったが、それでもここの景行市内の広場で毎晩開かれる露店では、いくつかの昆虫が販売されていた。

スズメバチ類　専門家の松浦誠氏によると、中国南部は世界一スズメバチ類の種類が多く、四属二二種を産し、この仲間の発祥地と考えられているという。スズメバチ類は日本や東南アジアをはじめほとんど全世界的に食用・薬用として用いられ、西双版納のこの露店でも半数以上の店でスズメバチの巣盤やそれから取り出した幼虫や蛹を売っていた。前記の陳氏によると、雲南省で食用に供されているスズメバチ類は未同定ながら少なくとも一〇種以上に及ぶというが、おそらくはシーズンのためか、持ち帰ったサンプルは松浦氏の同定によればすべて次の二種のみであった。

ウンナンオオスズメバチの一種 *Vespa sorror*（図22）――中国南部、タイ北部、ラオス、ベトナムに分布。近年までオオスズメバチの亜種とされていたほど近似の大型種。筆者は一九九四年の夏、タイのチェンマイのマーケットで売られていた本種を見たことがあり、食用スズメバチとしてはこの地帯で普遍的な種と思われる。

ヒメスズメバチ *V. ducalis* ——ベトナムから中国、台湾、日本、朝鮮半島に広く分布。前種に次ぐ大型種。売られていた量はほぼ二対一の割合で前種よりも多かったが、両種とも価格は同一であった。

なお、チェンマイのレストランで、巣盤に入った状態のセイヨウミツバチの幼虫や蛹を巣盤ごと試食したことがあるが、スズメバチの場合は巣盤そのものは食用の対象とはなっていない。また、驚くのは次種を含めてその高価なことである。筆者は幼虫や蛹が三〇匹ほどの皿や巣盤の切れ端をそれぞれ三〇元（約三九〇円）で購入したが、これはたぶん外国人向けの特別価格で、実際の売値はその半分ほどらしい。が、それでも豚肉や鶏肉とは比べものにならない高価さである。実際に購入している客も散見したが、いずれも長時間をかけて吟味していた。中国の給与水準から見ると、この価格は日本では約五〇〇〇円に相当するので、慎重にならざるを得ないのはよ

図22　オオスズメバチの１種とその巣盤（西双版納，1996）

くわかるが、それでもなおこれだけ盛大に売られていることは需要層の厚さをうかがわせる。

タケツトガ（仮称）　東南アジア一帯にはタケの中で集団で生活する *Chilo* 属のメイガが何種かある。これについては別項「第五章　熱いアジアの昆虫食　タイの食虫習俗今昔」でも触れられているが、この仲間はタケ林の重要な害虫であるとともに、「食虫トライアングル」では最も珍重される食用昆虫のひとつになっている。景行市の露店でも、本種はスズメバチと並んで目玉商品となっており、販売形態は切り取った竹筒のままか、または取り出して皿に盛ったもの（図23）である。

図23　タケツトガの幼虫（西双版納，1996）

日本のニカメイガなどと同属の蛾ながら、その生態はずいぶん違っている。西ジャワ産の *Chilo fuscidentalis* という近似種で調査された報告によると、成虫は開張四センチメートルほどの蛾で、一二月から一月にかけて若いタケノコの皮に平均九〇個ほどの卵を固めて産みつける。やがて孵化した幼虫は小さい穴を開けて若いタケノコの中にゾロゾロ侵入する。そしてタケの生長とともに内側からタケを食害しながら幼虫も育ってゆく。幼虫にとってはタケの節と節の間の一節だけが世界のすべてで、九月頃に老熟して体長三センチメートルほどの老熟幼虫になる。そして一一月から一二月にタケの中で集団でそのまま蛹になり、七週間ほどで成虫が羽化脱出する。インドネシアのこの報告はタケの害虫として調べられたもので、この国にはこれを食用にする習俗はない。しかし、筆者はかつてジャカルタ郊外の民族資料園にある鳥の大網室で本種を餌に与えているのを見たことがある。また、西双版納のものはこれとは別種であろうが、大筋でその生活史は酷似しているものと思われる。少なくとも年一化性で、老熟幼虫のいる晩夏から初冬にかけてのシーズンのみの待ちこがれた食用昆虫なのであろう。

いずれにしても、この幼虫もスズメバチに劣らず高価で、いかにそれが伝統的な好ましい食べ物であるかを示している。後述のように、筆者は昆明で実際にこれを試食する機会を得たが、いわゆる売り物になる昆虫としては魅力ある存在に違いない。前述の陳氏によると、人為的な増殖は不可能で、シーズンになると、採集人がタケ林を駆けめぐって採集するという。本種の寄生を受けたタケはその部分の節が大きく湾曲し、それが探索の目安となっているとのことである。

(d) 昆明での見聞記

雲南省の省都昆明は、「食虫トライアングル」からはやや北に位置するが、ここでは中国の伝統的な食用・薬用昆虫と、西双版納など雲南省南部の食虫習俗が混在していた。

昆明市の一角に、さまざまなペットを売る小さい店が密集した場所がある。ここで売られているペットは犬、猫、猿、小鳥から蛇、トカゲ、金魚、熱帯魚まで多彩だが、骨董品や漢方薬を売る店も多く、好事家にとってはたいへん興味深い場所である。筆者はここを何回か訪れたことがあるが、とくに前述の一九九六年秋には意識的に「売られている昆虫」を捜し、以下のようなものを「発見」した。

図24　ウンナンオサムシダマシの１種（薬用）（昆明，1996）

ウンナンオサムシダマシ（仮称）*Blaps* sp.（図24）　体長一五ミリメートル内外のゴミムシダマシ科の甲虫で、種名はまだ定かではないが、専門家の中条道崇氏によれば、似た国産種にヤマトオサムシダマシ *B. japonensis* があるもののこれとは別種とのことである。生きた多数の成虫が洗面器に入れて売られ、強烈な臭気があり、酒で抽出した成分はガンや解熱に卓効があるという。昆明ではよく知られた薬用昆虫で、家屋周辺に多い虫と聞いたが、どのように収集しているのかは不明。一匹一元（約一三円）と高価である。写真で白く写っているのは餌として入れた飯粒である。なお、中条氏はこの仲間が薬用に供されているのは初耳とのことである。

キオビゲンセイ *Mylabris phalerata*（図25右下）　体長一五〜三〇ミリメートル内外。中国全土に分布するツチハンミョウ科の薬用甲虫で、人体に強力に作用するカンタリジンの含有率の高いことで知られる。この体液が皮膚に付くと火ぶくれ状の炎症（水疱性皮膚炎）を起こし、古来毒薬としても有名である。薬用としてはもっぱら化膿した腫れ物の膿み出し軟膏に用いられる。また、少量ならばガン細胞を萎縮させ、催淫効果もあるという。日本でも乾燥した成虫を大量に輸入している。乾燥したものが一匹五元（約六五円）という驚くべき高価さであった。

ゴキブリの一種 *Eupolyphaga sinensis*（図25左）　体長一三〜三〇ミリメートル。中国中央部に分布する野外性の無翅のゴキブリの乾燥品で、薬用。心臓と肝臓の強化に効果があるという。一匹一元。

ヤマアリの一種 *Formica fusca*（図25右上）　中国名を黒蟻と称し、全国的に林地に分布するという（種名は陳氏による）。古くから薬用として収斂剤または刺激剤に用いられているとのことである。すべて成虫の乾燥品で、小さいカップ一杯が五元。

トビズムカデ *Scolopendra subspinipes*（図25中央）　昆虫ではないが、ムカデ綱・オオムカデ目に属する大型のムカデで、日本をはじめ東南アジアに広く分布する。中国では薬用としてその商品形態とともに古くから知られ、解毒、殺菌、消炎など多彩な効果があるという。乾燥成体一匹三元（約四〇円）。

キョクトウサソリ（前掲）　生きたもの多数を洗面器に入れ、薬用として販売。食用として多用されているが、その煎じたものは血管拡張・血圧降下剤として効果が高いという。筆者の購入価格で三匹五元。

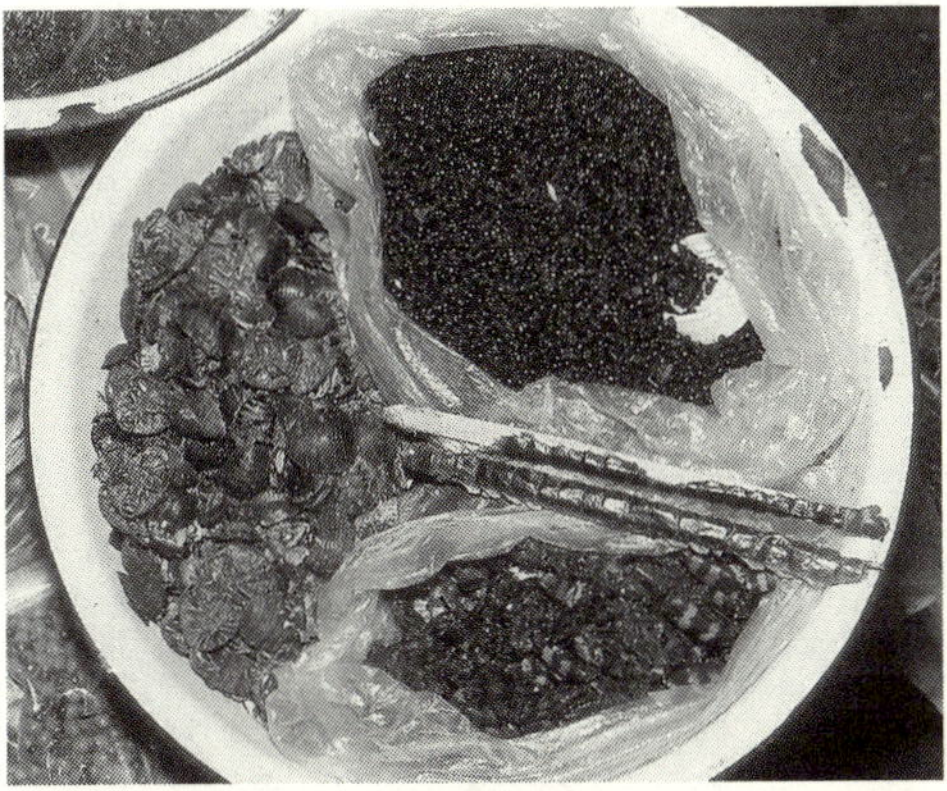

図25　薬用昆虫。左はゴキブリの１種，右上はヤマアリの１種，右下はキオビゲンセイ，中央はトビズムカデ（昆明，1996）

チュウゴクイナゴ *Oxya chinensis*　体長二五〜三五ミリメートルの中国で最も普遍的に分布するイナゴで、イネ害虫としても知られている（福原楢男氏同定）。価格は失念したが大変安価であった。食べ方は日本のイナゴの佃煮と違い、もっぱら油炒めとのことである。

以上のほか、昆明に限らず中国各地で大量のミルワーム（チャイロコメノゴミムシダマシ *Tenebrio molitor* の幼虫）がペット用の餌として売られ、前記のサソリにも餌としてこれが与えられていた。

本種は中央ヨーロッパ原産の貯穀害虫であるが、世界各地の動物園では食虫動物の餌として常時飼育されている。穀類の移動やペットの餌として世界的に分布を広げた。アメリカではこの幼虫を入れた虫飴が話題になり、料理法まで解説されている（「第七章 アメリカおよびヨーロッパの昆虫食 二 高まる昆虫食への関心」を参照）が、さすがに中国ではその飼養の歴史が新しく、食用としては利用されていないようである。

(e) 昆明の料理店で食べた「昆虫料理」

前記と同じ時の旅で、昆明郊外のある中クラスの料理店で昼食を取った際、思いがけずも昆虫料理にめぐり合った。それは店のメニューにはなく、一品料理を乗せて客席を回るワゴンにあったもので、スズメバチ類の油炒めの盛り合わせと前述のタケットガ幼虫のから揚げがそれである。価格はそれぞれ一皿三〇元（約三九〇円）で、この店としては特別に高価な料理であった。

スズメバチ類　幼虫から羽化寸前の蛹までまとめて油で炒めてある。当然同じ巣から集めた同一種と思い、少数のサンプルのみを持ち帰ったが、松浦氏の同定で、これには次の三種が混入していることがわかった。

コガタスズメバチ *Vespa analisria* ——北はウスリーから西はインド、南はジャワ島まで、日本を含めて広範に分布する種。

ミナミキイロスズメバチ *V. aura* ——日本のキイロスズメバチの近縁種で、中国西南部からミャンマー北部、アフガニスタン、インド北部にかけて分布する種。

スズメバチの一種 *V. variabilis* ——日本には類縁種のいないスズメバチで、中国中・南部からインド東北部、ミャンマー北部にかけて分布する種。

料理から推定すれば、これは生きたものを調理したものではなく、材料は取りためて塩漬けなどで常時保管してあるらしい。味は特別に美味とも思われなかったが、同行の中国の友人たちにとっては格別においしい料理であったようで、「翅のあるものがうまい」「いや、幼虫の方がうまい」と互いに論議していた。

タケツトガ（前掲）　西双版納で見たタケツトガをはからずもここで試食した。から揚げのそれを注文すると温め直して出してくれる。そしてこれが意外なほど美味であった。香ばしく、スナック菓子のようにサクサクしていて、虫とわからなければかなりの一般性を持つ可能性が高いと思われた。

冬虫夏草のスープ　以上のほか、メニューにあった料理に冬虫夏草のスープがある。これはほかでも食べたことがあるが、専用の容器で鳥肉や野菜とともに煮込んでスープにしたものである。一容器当たり、冬虫夏草は三本くらいしか入っておらず、味はそれを特徴づけるものが

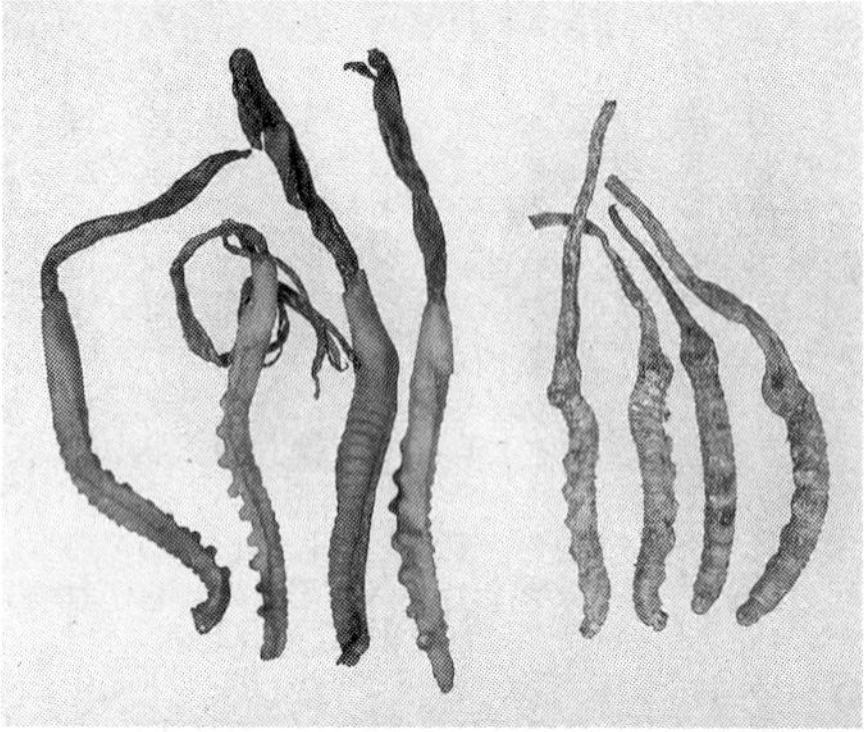

図26　本家・冬虫夏草（左は昆明の西山で購入したチベット産，右は南京で購入）

なく、ただの鳥スープと同じであった。いずれもご馳走になったケースで価格は不詳だが、かなりな高級料理として位置づけられている。

周知のように冬虫夏草は昆虫寄生菌で、虫とキノコが一体となったその奇妙な形は昔から人々の興味をかきたててきた。とりわけ中国ではこれを不老不死の妙薬として珍重し、その伝統は今に生きている。効能は広く、肺結核、貧血、喘息、強精から食欲不振にまで卓効があるという。七％ほど含有する虫草酸がその有効成分らしい。多くの中国人が効果を強調しており、薬効は故ないことではなさそうである。また、しばらく前に日本のある週刊誌が「冬虫夏草でガンが治る」と宣伝したためと、かの女子陸上の馬軍団が常用しているといううわさで日本でもすっかり有名になり、最近ではそのドリンク剤まで驚くほどの高値で売られている。

冬虫夏草は寄主の虫と菌種によって形状が著しく異なるが、スープにも使われている「本家・冬虫夏草」（図26）は、四川省やチベットに多産するコウモリガの一種 ***Hepialus*** *armoricanus* の幼虫に寄生するフユムシナツクサタケである。中国では観光土産としても高価で売られている。筆者も一〇年以上も前に南京で記念に一箱求め、撮影用に友人に貸し出すなど、ずいぶんお役に立ったが、試食するには至らなかった。図26右側のものがそれである。また、左側の大きい方は、一九九三年秋に訪中した際、昆明郊外の西山で求めたチベット産のものである。この観光地の山道には、ワシントン条約で禁制のトラのペニスなどの漢方薬を売るチベット人の露店がいくつかあり、そうした露店で一本一元で購入したが、色も大きさも右側のものとは違い、あるいは寄主や菌が別種かもしれない。

冬虫夏草は食べてもおいしく、アヒルの腹腔に詰めて料理すると甘みを増し、ついでに風邪などは一発で治る（北京の昆虫学者の友人談）そうで、ほかにもいろいろな料理法があるらしい。ただし、筆者の試食した範囲では、同行者を含めて、食べたあと急に元気になった者はなかった。

(f)　その他

一九九三年の夏、東北の吉林省を訪問した農業研究センターの平井一男氏は、野蚕のサクサン（柞蚕）の成虫のから揚げや、その幼若ホルモンの抽出物入りの強精回春剤「蚕蛾滋補酒」が商品化されているのを見ている（私信）。中国の東北地方では伝統的にサクサンの飼養が盛んに行なわれているが、最近では絹糸の生産以外にもその多目的利用が図られている。たとえばその雌成虫から取り出した卵を代替えの餌として、各種農業害虫の有力な寄生性天敵であるタマゴバチ類の人工増殖や、最近では世界に先駆けてサクサンの血液を主成分としたその人工飼料まで開発されている。

サクサンは戦前から戦後にかけて日本でも長野県でその飼養が行なわれていたが、その当時やはり成虫の翅をむしって虫体を油で揚げて食用にもされていた。食糧難という時代背景があったにしても、それは必ずしもまずいものではないらしい。当時中学生であった筆者は疎開先の松本市の近郊の生産農家でおやつに出されたことがある（結局食べなかったが……）。こうした事実から見ても、中国の東北地方でサクサンの成虫が食用として商品化されているのはむしろ当然のことかもしれない。

ただ、平井氏の見た幼若ホルモン入りの「蚕蛾滋補酒」にはびっくりする。幼若ホルモン（JH）は昆虫の変態を抑え幼虫形態を保つ働きをするホルモンであるが、これを「若返り」に結びつけた発想はさすがに中国である。もっともその効果が本当なら、JHが人体にも生理活性を持つ初の事例となろうが……。

広大な中国大陸の現代の食虫習俗の全貌はまだわかっていない。とにかく「蚊の目玉」までスープにする国である（ただし、この有名な中国料理の材料は蚊ではなく小エビの目玉とのことである）。筆者がここに紹介した事例も文字通り氷山の一角に過ぎまい。しかし、筆者はこのように実際に料理または食材として商品化されているものを重視したい。少なくとも売られているという事実は、それが一般家庭では容易に採集できないこと、また購入してまでも食べたいというユーザーがかなり普遍的に存在することを物語る。そして、そうした昆虫こそが来たるべき世界的なタンパク質の不足に救世主となる可能性を秘めていると思うからである。（梅谷献二）

第五章　熱いアジアの昆虫食

一、アジア諸国の虫の食べ方

アジア諸国では日本、中国も含め、古くからいろいろな昆虫が食べられてきた。しかし、宗教上の戒律などもあって、ほとんど昆虫を食べない所、あるいは昆虫を食べることを禁じられている所もあり、食虫事情は国、民族、宗教などによりかなり異なっている。タイ、ベトナムはアジアの中では食虫の盛んな国であるが、これについては別項で述べられるのでここでは省略する。その周辺のラオス、ミャンマーなどやインドネシア、中国、韓国も食虫の盛んな国である。インド、スリランカは宗教上の理由からか、あるいは元来あまり動物を食べないためか、昆虫もあまり食用になっていない。

昆虫の種類から見ると、各国でよく食べられているものは、まずバッタの類である。バッタは飛蝗と呼ばれる大発生して集団移動するバッタがよく食べられている。大発生した時には大量に採集して食料にするが、平時は家の周辺にいるイナゴ類、オンブバッタなどを捕まえるか、草原で採集した各種のバッタを食べる。野生のミツバチ類もよく食べられているものの一つで、蜜を採集する時、巣も採って中にいる幼虫や蛹を食べる。アリも各地で食べられているが、樹の上に巣を作るツムギアリ類を食べる所が多い。中国南部からインドシナ半島にかけての地域では、コオロギが広く食べられている。大型のものはタイワンオオコオロギで体長四センチメートルくらいである。タイ、ベトナムを中心とする地域ではタイワンタガメを食べることが地域の特色になっている。インドネシア、マレーシア、パプアニューギニアなどの熱帯の諸国では、ヤシに付くオサゾウムシ類の幼虫が代表的食用昆虫である。

お隣の韓国では、日本と同様にイナゴが食べられている。韓国のイナゴは大部分がチョウセンハネナガイナゴ *Oxya sinuosa* であるが、チュウゴクイナゴ *O. chinensis* も混じっているという。やはり日本と同じように水田における殺虫剤の多用によって、一九七〇〜八〇年代にはイナゴが激減したが、近年殺虫剤使用制限と有機農法の普及により、イナゴは勢力をもり返してきている。韓国のイナゴ料理は日本の大和煮に似ていて、翅と脚を取りフライにして醤油、砂糖、ゴマ油などで味付けして食べる。生きているイナゴをじかに熱い油に投じて揚げるとエビのように赤くなり、かりかりしてうまい。日本の佃煮のように砂糖や水飴でからめることはなく、あっさりしている。

インドは菜食主義者が多く、動物で主に食べられているものはニワトリと魚である。食虫習俗は広い国土、七億という人口、多数の民族のわりには貧弱である。それでもバッタ入りのカレーなどは食べたりするようで、これはインドらしいと思う。ヒンズー教民族の間では、シロアリは普通に食べられており、小麦粉と混ぜてパンにしたりするようである。シロアリの女王アリは栄養豊富で、重病人に与えられたりする。また女王アリには強い催淫作用があると信じられている。ツムギアリも食べられている。これはカレーと一緒にして薬味を作ってご飯に混ぜて食べたり、アリを石で叩いて繊維の塊のようにしたものに塩、ターメリック、チリを混ぜてそのまま食べたり、ご飯と一緒に食べたりする。また、米の粉、塩、チリと煮て、濃いペーストのようにして食べたりもする。アッサム地方ではエリサン *Samia cynthia ricini* の前蛹、蛹が好んで食べられており、そのためエリサンは繭より蛹の方が高く売れるということである。デカン高原の先住民族アディバシーはツムギアリをそのまま食べたり、料理の味付けに用いる。また五センチメートルくらいのコガネムシ幼虫を地中から掘り出して食べる。またナバシー族はオオミツバチ *Apis dorsata* の蜜を採り幼虫を食べるが、巣を取る時は崖から縄梯子を下ろして巣をいぶす。

ネパールではバクティというヒマラヤオオミツバチ *Apis laboriosa* の料理がある。これは幼虫、前蛹、蛹を含む巣を布袋に入れて手で絞り、したたり落ちる液を集めてこれを五分くらい掻き混ぜながら熱したもので、色も感触も掻き卵のようなものである。ハチのタンパク質と脂肪を多量に含みその臭いや味は独特ですぐにはなじめないものであるが、強いていうならばナッツのような味だという。これを動物性あるいは植物性の他の食品に加えて食べるのである。

インドネシアやマレーシアではシロアリを小麦粉に混ぜてケーキのように焼いて食べていた。女王アリを焼いたものはアーモンドのようで、美味だということである。ハリナシバチの幼虫、蛹を蜜と一緒に食べたりもしている。ジャワ島ではバッタやコオロギをヤシの葉の筋に刺して焼いて食べる。またヒゲナガコガネやコフキコガネも焼いて食べる。インドネシアのモルッカ諸島やイリヤンジャヤ、パプアニューギニア、マレーシアのサラワクなどではヤシオサゾウムシ類、カミキリムシ類の幼虫が食べられているが、生きているまま食べたり、焼いて食べたり、つぶしたココナッツと一緒に煮たりして食べる。インドネシアのジャカルタでは、シロアリが大発生した時、ロウソクを立てて集まってくる有翅のシロアリをバケツに集め、シロアリ入りオムレツを作る。バリ島では原住民ロンボクはジャックフルーツやプルメリアの樹のねばっこい樹液を棒の先に付けてとりもちとし、それでトンボを捕まえ体を引きちぎってタマネギ、エビなどとフライにして食べる。トンボならばどんな種類でも食べるが、ヤンマなどの大型種が好まれている。もう少し手の込んだ食べ方としては、トンボをショウガ、ニンニク、エシャロット、チリペッパーに混ぜてココナツミルクで五〜一〇分煮て食べたり、ココナツの果肉に入れて、バナナの葉で包み、蒸したりローストしたりして食べる料理がある。チモール島の住民はバッタを搗きつぶして塊として食べたり、ハチの幼虫を採って食べる。

インドシナ半島の諸国はタイやベトナムと同様、いろいろな昆虫を食べている。ラオスで食べられている昆虫はタイワンタガメはもちろんのこと、糞虫類の成虫と幼虫、トンボ、ゴキブリ、セミ、コガネムシ、タマムシ、ゲンゴロウ、カブトムシ、ヤシオサゾウムシ、カミキリムシ幼虫、バッタ、コオロギ、カマキリ、シロアリ、コーヒーボーラー（ボクトウガ幼虫）、ハキリアリ、ハチ幼虫、オオミツバチなどと枚挙にいとまがない。甲虫類は成虫も幼虫もだいたい焼いて食べる。から揚げにして食べる場合もある。タイワンタガメは蒸して食べたり、煮てから突き崩してカレーに入れたりして食べる。トンボは幼虫を茹でて食べたり、成虫を焼いて食べる。コーヒーボーラーは焼いて塩を付け、ご飯と一緒に食べる。ハチの幼虫は炒めたりカレーにして食べるが、少し手の込んだ食べ方としてはココナツミルク、タマネギ、コショウ、チンボーゲン、シトルス・ヒストリックスの葉と混ぜて、リネンに包んで蒸す。これにご飯を加えて食べる。フィリピンではバッタが全国で食べられている。殺虫剤の多用により大発生は減りはしたが、まだかなりの頻度でおきる。一九九四年にトノサマバッタ *Locusta migratoria* が大発生した時には、殺虫剤が効かず、農民と地方行政が一体となってバッタ採りを行ない、人びとの食料や家畜の餌とした。伝統的な食べ方としてモロ族はバッタを採って土鍋で焼いて乾燥し、翅、脚を落として食べる。しかし、最近はバッタをよりおいしく食べる方法を見出すため、バッタ・クッキング・コンテストも行なわれ、多くのレシピが考え出され、バッタはより魅力的な食品になった。これらレシピのなかでポピュラーなものは、ロカスト・オドボと呼ばれるもので、翅と脚を取って数分茹で、油で揚げてぱりぱりになったバッタをトマトやレッドオニオンと一緒に食べるものである。動物の餌としては闘鶏やティラピアの餌に用いられている。バッタのほかキリギリス類、ケラも食べられている。ケラはルソン島ではポピュラーな食用昆虫で、水田で採集されているが、これを食用のために飼育しようという動きもある。また、ルソン島ではコフキコガネの頭、脚、胸を取って、酢と醬油で調理したものが食べられている。これは市場に売りに出されていることもあるという。このほかコガネムシ幼虫、ツムギアリ、トンボ幼虫なども所によって食用にされている。

二、タイの食虫習俗今昔

東南アジアの中でも、タイは昔から食虫の盛んな国で、いろいろな昆虫が食用に供されてきた。とくに昆虫食を好むラオ族系の人々は、タイ人の中核をなしているタイ族系タイ（シャム）

人に昔から「悪食家」と蔑称されてきたが、それは彼らが糞虫やキンバエの一種の幼虫をとくに好んで食べていたことに由来する。それ以外にも彼らは多くの昆虫類を食用にしてきたが、そのためか彼らは耐久力に富み、農業労働者として昔から重宝がられてきた。彼らが多く住む北タイや東北タイでは現在でも多くの昆虫類が食用に供されており、タイ族系や華僑系のタイ人の中にも昆虫食を好む人びとがいて、市場や露店などで多種類の食用昆虫を求めることができる。

このように盛んなタイの食虫習俗は昔から研究者の興味を引き、一九三〇年代の初め頃にはすでにその実態がイギリス人たちによって調査されている。彼らは国内各地を限なく回って情報を集め、それについて詳細にまとめている。これによってラオ族系の人々をはじめとする当時のタイ人の食虫習俗の概要、ならびにどのような昆虫類が食用に供されていたのかが把握できる。一九七〇年以降にはタイの研究者による調査も実施され、より詳細なその実態が記録されている。また、タイ滞在中に見聞した食虫習俗を報告した日本人もいた。

筆者は一九九一年八月から三年あまりタイに滞在し、食虫習俗を見聞するとともに、自身も昆虫食に親しんできた。しかし、その実態を調査してみると、これらの習俗もかつて先人たちが報告した当時の状況とはかなり変わっていることを痛切に感じた。ただし、筆者はバンコクや地方の市場、露店や食堂等で売られている食用昆虫を中心に全国を調査してきたので、家庭で細々と日常的に消費され流通に乗らない昆虫についてはほとんど不明で、その実態を把握できなかった。このような昆虫こそむしろ、食用昆虫としてはより重要なのかもしれない。これらの不備な点があることをあらかじめお断りし、多種類の昆虫が食用に供されているタイ国の現状を紹介する。

(a)　どんな昆虫が食べられているか

タイはマレーシアに連なる半島部を除く国土の大部分が熱帯サバンナ気候帯に属し、気温は一年中高温で年較差が小さい。そして、一年が雨季（六〜一〇月）と乾季（一一〜五月）に明瞭に分れ、半年以上に及ぶ乾季にはほとんど降雨がない。このため、灌漑水が利用できる一部の地域（全耕地面積の一九％）を除き、乾季には農作物はほとんど栽培できない。この時期には高温と乾燥の影響で野山の植物は生気を失い、旱魃のひどい年には枯死することすらある。したがって、一部の農業害虫を除き、乾季、とくにその末期には昆虫類の発生は少なくなる。これを反映して、雨季に市場や露店に豊富に出回っていた食用昆虫は、乾季になるとしだいに質量ともに少なくなり、多少なりとも周年購入できるのはタイワンオオタガメをはじめとするタガメ類、ゲンゴロウ類やガムシ類等の水生昆虫くらいになってしまう。タガメ類は野生のもの以外に食用に養殖もされ、さらに最近盛んになってきた淡水魚を養殖する際の副産物として生産されている。タガメは幼魚を捕食するため養魚池ではその被害がしばしば問題になり、網を入れて成魚を捕獲する際にかかるタガメ類も一緒に取り除くことが慣例になっていて、最近はこれが市場によく出てくる。このように食用昆虫の大部分は自然に野山や田畑、池沼に発生する昆虫であり、それを採集して利用しているので必然的に自然の制約を大きく受けている。

一方、タガメ類を除いて唯一食用に養殖されているのが確認されたのは、キンバエの一種 *Chrysomyia megacephala* である（図27）。本種は家畜害虫として知られるラセンウジバエと同じクロバエ科に属し、人糞溜めに発生する幼虫を干して乾燥させたものは、昔から中国の広東付近では漢方薬として利用されてきた。タイではラオ族系の一部の人びとが好んでこの幼虫を食用にすることは聞いていたが、北タイのチェンマイ郊外の市場でようやくこれを見つけた。この近所にあるレストランでは、この幼虫が入った野菜サラダが人気メニューの一つになっていた。

図27　人工培地で養殖されているキンバエの１種とその幼虫（北タイ・チェンマイ郊外）

タイで食用に供されているのを自身で確認した昆虫類、ならびに聞き取り調査によって現在も食用にしていることが判明した昆虫類は次の通りである。

直翅目　バッタ類、コオロギ類、ケラ類
カマキリ目　カマキリ類
ゴキブリ目　ゴキブリ類
ナナフシ目　ナナフシ類
膜翅目　ハチ類、アリ（ツムギアリ）類
半翅目　セミ類、タガメ類、カメムシ類、ミズムシ類
鞘翅目　ゲンゴロウ類、ガムシ類、ゾウムシ類、カミキリムシ類、
　センチコガネ類、コガネムシ類、カブトムシ類、タマムシ類
鱗翅目　カイコガ類、スズメガ類、ボクトウガ類、タケツトガ（仮称）
シロアリ目　シロアリ類
トンボ目　トンボ類
双翅目　キンバエの一種

以上の昆虫類は卵（ゴキブリ、カマキリ、ツムギアリ）、幼虫、蛹、成虫の各態が生のままで、またはいろいろな調理法で食用に供されている。これらの昆虫が食用に供されているのはうま

図28　野草地での網を用いた昆虫採集事例
（南タイ・ナラチワット郊外）

くて栄養価が高く、ある程度は量的に確保することが可能で、採集できる期間が長い等の条件が満たされているからであろう。そして、長い食虫の歴史的過程で明らかに有毒な種類、有毒ではないがひどく不味な種類は除外されてきたと思われ、現在食用に供されている昆虫は上記の条件のいくつかを満たしていると思われる。

一方、タイの隣国マレーシアでは食虫の習慣は低調のようで、私が会った同国のイスラム教徒はいずれも食虫の経験や知識はなく、国内での実態についても知らないようであった。タイ国内のイスラム教徒にも同様な傾向がうかがえるので、宗教的戒律が関係している可能性も考えられる。ただし、マレーシアに隣接する南タイのナラチワット郊外で、イスラム教徒の農民によって昆虫が食用に採集されているのを確認している（図28）。彼らの話によれば、採集した虫を自分たちの食用にはしておらず、虫は地元では全く需要がないが（住民の九〇％以上がイスラム教徒）、マレーシア在住の華僑（仏教徒）には根強い需要があるため、すべてマレーシアに送られて高値で取引されているとのことであった。したがって、この例に見られるように、非消費者によって食用昆虫が採集され、消費地に送られる場合もあることがわかった。

(b) ラオ族系タイ人と食虫習俗

食虫習俗がかなり一般化しているタイでも、多くの昆虫を食用にしてきた点でラオ族系の人びとは突出した存在である。なぜ彼らはこのように多くの昆虫を食用にしてきたのであろうか。一九三〇年代にイギリス人たちによって行なわれた調査によれば、当時の平均的なタイ族系タイ（シャム）人農民の一日の食事内容は概略次の通りである。

米	六九三グラム（モチ） または五五三グラム（ウルチ）
生魚	六～一二五回／月
魚の粕漬け（プラーラー）	二七グラム
魚かエビのソース	一〇グラム
エビのペースト（ガピー）	一四グラム
緑豆（マングビーン）	六～一二五回／月
塩	一〇グラム
卵、肉類、エビ、カニ	時どき（少々）

これらの食事は炭水化物主体で、タンパク質は魚と豆に依存しているが不足気味で、時期によっては全く入手できない場合もあり、脂肪はかなり不足している。一方、ラオ族系の人びとも基本的にはこれと同様の食事内容ではあるが、彼らはこれに昆虫類を加えて不足分を補っていたようである。栄養学的に昆虫はタンパク質と脂肪がとくに豊富で、未利用の食料資源であることはかねてより多くの昆虫学者や栄養学者から指摘されていた。これらの点で、昆虫食を積極的に取り入れていたラオ族系の人びとは、昆虫をただ好きで食べていたという単純な理由だけではなく、健康を維持するために必要な各栄養素をバランスよく摂取し、さらに過酷な肉体労働にも耐えることを可能にする栄養価の高い食材として、身近にあって容易に入手できる豊富な昆虫類を利用していたと考えるべきであろう。これによってラオ族系の人びとは農業労働者としての耐久力を保持できたのであり、それゆえに農園経営者は彼らを農業労働者として優先して雇用していたわけである。

(c) 地域と食虫習俗

一九三〇年代の初期にイギリス人たちがタイ国内で食虫習俗を調査した当時、ラオ族系タイ人の大部分が居住する北・東北タイはもとより、中・南部タイでも多くの昆虫が食用にされていた。そして、程度の差こそあれタイ族系タイ（シャム）人にも食虫習俗が普及していて、それがかなり普遍的な広がりを持っていることが明らかにされていた。ところが、一九九一年に筆者が初めて南タイ南部のソンクラ、パッターニ、ナラチワットを回った際、市場や露店をいくら探しても昆虫類が食用に売られているのを確認できなかった。そこで、食虫習俗の現状を把握することを計画し、三年間にわたって全国を巡回調査した。全国を四つの地域（北、東北、中、南）に分け、少なくとも一年に一回はそれらの地域を回るようにした。地域住民の台所となる市場や露店、食堂等を重点的に調査して歩き、現地住民の話を聞いて情報を得るように極力努めた。期間や地理的制約もあって十分な調査とはいいがたいが、それらの調査結果をまとめて図に示した（図29）。

食用昆虫が質量ともに豊富な地域は北タイのチェンマイとランパーン周辺、東北タイのコンケンとカラシン、ラオスおよびカンボジアとの国境地域全体、ならびに中部タイのバンコクで、都市部よりもその周辺地域に多い。しかし、マレーシアに連なるマレー半島全域（内陸部を含む）および中部タイのタイ湾沿岸一帯（バンコクを除く）では、食用昆虫を確認することができなかった。中部タイの南部地域では食用昆虫の種類はタガメ、野生のミツバチ、カイコガの蛹くらいで、種類数はずっと少なくなり、探すのに苦労するほどであった。南部タイ（ファヒン、ラノン、クラビー、パッターニ、ソンクラ、ナラチワット等）で住民への聞き取り調査を行なったところ、かつては食虫（コガネムシ類、タガメ類）の経験はあるが、二〇年くらい前から食べてお

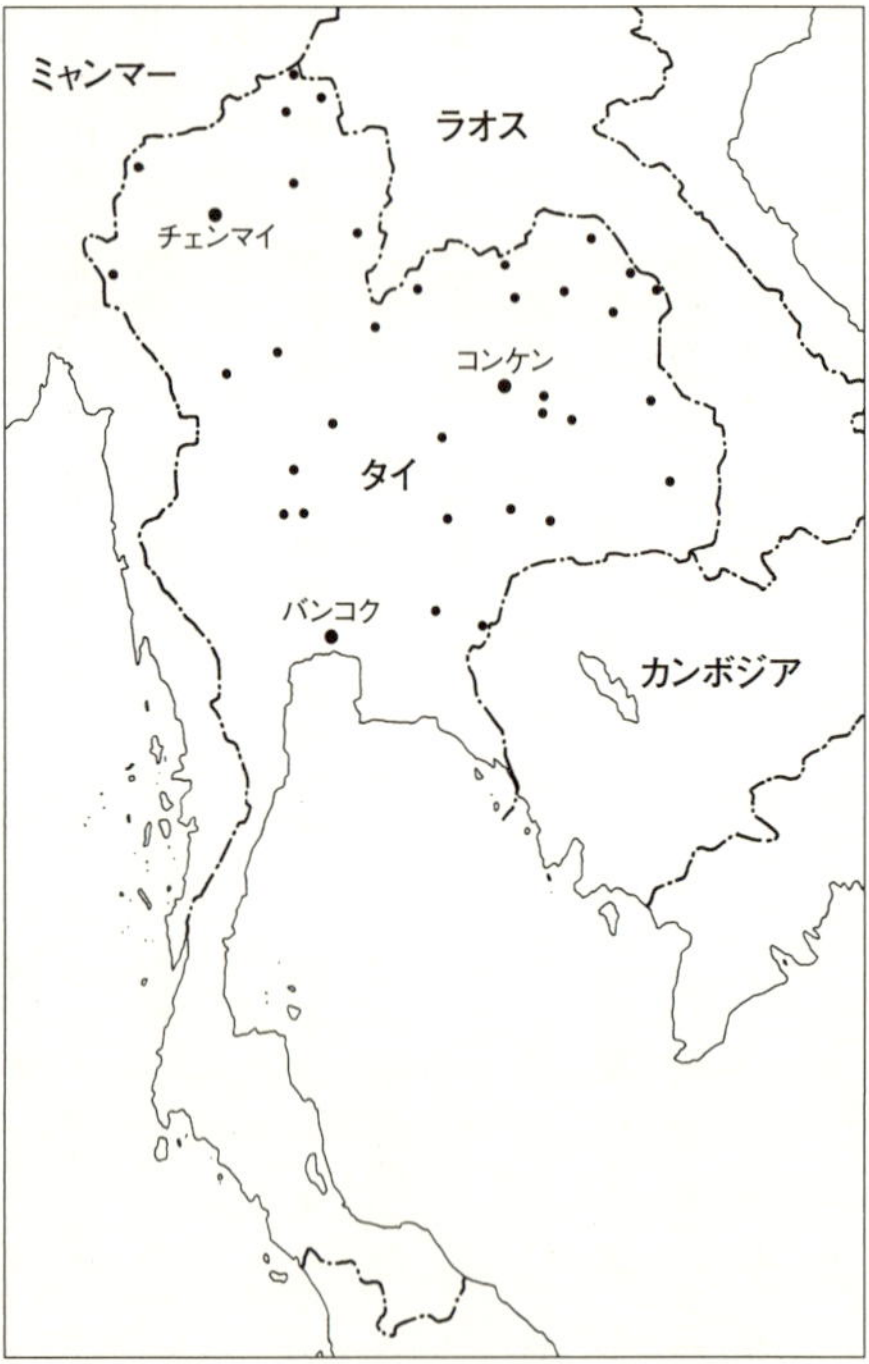

図29　現地調査によってタイ国内で食用に昆虫類が売られているのが確認された場所（1991〜1994）

らず、周囲にも昆虫食をする者はいないと話す者から、食虫の経験が全くない、あるいはその習俗を全く知らない者まで多様であり、なかには食虫の質問に対し極端な蔑視、嫌悪の感情を示す者もいた。このような状況から判断して、中部タイ以南の地域では食虫習俗はかつては存在したが、現在は全く（ほとんど）廃《すた》れてしまったと考えるのが妥当であろう。これらの結果は一九六三年にタイ南部に滞在し、食虫習俗について調査したある日本人昆虫学者の記録とも異なる。その当時は甘藷を加害する大型のコガネムシ類を使った手の込んだかなり程度の高い料理まであり、市場に出回ることさえあったようである。しかし、今回の調査ではそれを含めて、これらの地域では食虫習俗は何も確認できなかった。

一九六〇年代中頃からタイの経済成長は目覚ましく、所得の増加に伴い国民生活は徐々に向上した。これに伴い食生活の面で肉や魚、野菜や加工食品を利用する機会は大幅に増加したであろう。とくに、経済発展の恩恵を受ける機会が多く、北・東北タイよりも格段に経済的に豊かで生活程度が高くなった中部タイや南タイの地域では、食生活の面で構造的にかなり大きな変化が生じたものと思われる。また、昔は交通手段も貧弱で地域間の交流は少なく、その地域で生産された食材をそこで消費していたため、選択の余地は限られていたであろう。しかし、各種インフラが整備されるにつれ、物の流れや情報は質量ともに大幅に増大し、食品に対する選択肢は格段に拡大してきたであろう。そうした状況のもとでは、昆虫のように量的・時期的な制約をどうしても受けやすい食材を利用するよりも、むしろ時期を問わず豊富に入手できる肉や魚を利用する方向に転換してきたのは当然の成り行きではないだろうか。したがって、現在残っている食虫習俗は、経済発展から取り残された北・東北タイを中心とするかなり限定された地域に依然として存続している習俗と理解すべきであり、この習俗がいつまで存続するかは、この地域の経済発展しだいではなかろうか。また、中部タイ以南で例外的にバンコクで食用昆虫が比較的豊富に出回るのは、北・東北タイの出身者や出稼ぎ労働者が多く、彼らからの根強い需要があるためであろう。

(d) 主要な食用昆虫

北・東北タイを中心に多種類の昆虫が食用に供されていたが、バンコクや各地の市場、露店や食堂等で入手または賞味できた代表的な食用昆虫とその食べ方を述べる。これらの昆虫類は量的にかなり豊富に出回る種類で、タイで最もポピュラーな食用昆虫と考えてよい。

ツムギアリ *Oecophylla smaragdina*　本種はインダス川以東の南アジアから中国南部にかけて、およびインドネシア、ニューギニア等の熱帯西太平洋諸島群とオーストラリア北部に分布する。強力な顎を有し、非常に攻撃的に各種昆虫類を捕食する肉食性の樹上生活種である。オーストラリアにおける調査では月間平均最低気温一七℃以上、年間降水量五〇〇ミリメートル以上の常緑樹林帯に分布することが確認されている。中国では昔からこのアリを柑橘等の果樹害虫の生物的防除に利用し、その巣が市場で売買されてきた。南部の福建省や広東省では四世紀頃から現在に至る一六〇〇年にわたって害虫防除に利用してきた歴史がある。また、インドではある特定のカーストに属する人びとは、昔からこのアリを生のままか、つぶして塩、コショウ、トウガラシ等で味付けしてペーストやカレーを作り、米飯に添えて食べている。

タイでは二月になると乾季でもまれに雨が降ることがあり、この雨がマンゴーの開花を促し、豊作へと導くように祈りを込めてマンゴーシャワーと称する。この時期になるとぼつぼつツムギアリの活動が活発になり、雨季に入った六月以降、マンゴーやジャックフルーツ等の樹上に営巣するのが普通に見られるようになる。害虫の有力な天敵になっていると思われるが、タイではこのアリを生物的防除に積極的に利用した記録はない。アリは個体数が増加するのに伴いなわばり内に次々に巣を造るため、一本の樹に数個の巣（巣室）が形成されることも珍しくない。

図30　マンゴー樹上に造られたツムギアリの巣（8月初旬）

巣を造るのに適当な場所を選定すると、働きアリは終齢幼虫が吐き出す糸を用いて周囲の葉を何層にも重ね合わせ、フットボール状の巣を造る（図30）。このためか、ツムギアリの幼虫は蛹化に際し繭を作らない。巣の採取は九月頃から始まり、市場や露店にもこの頃からかなり豊富に出回るようになる。巣を採るときには水を張ったバケツを巣の下に置き、巣を枝から切り落としてこれに漬け、窒息させてから巣を分解して虫を取り出す。卵、幼虫、蛹、成虫ともに食用にするが、生ではかなり強い酸味を呈する。バターを溶かしたフライパンで弱火で炒め、そのままかナンプラー（魚醬）で味付けすると素晴らしい芳香と酸味が楽しめ、酒のツマミにもなった。一般的に食虫の習慣が少ないといわれる華僑系タイ人でもこのアリは大好物のようで、筆者の寄宿先の女性オーナーもこれを入手した時には野菜サラダやオムレツに入れたり、スープを作って特有の酸味を楽しんでいた。そんなわけでタイのツムギアリにとって最大の天敵は、昔から、そしてこれからもずっと人間になりそうである。

図31　セスジツチイナゴのから揚げ

バッタ類　筆者にとって食虫として最も美味で、七月中旬から一一月末までの長期間にわたって楽しめ、さらに量的にも十分購入できたのはセスジツチイナゴ *Patanga succincta* であった。雨季に入ってしばらくすると、バンコクの某歓楽街にはこれを油で揚げて売る屋台が定位置に数台出現する。サッと短時間で揚げるのがイナゴの芳香を逃がさないコツだそうで、この香りがとても食欲をそそり、屋台の前を素通りすることを許さない。各屋台特製の甘辛いタレで味付けした単純なものであるが（図31）、これが季節感の乏しい熱帯にあって、私が季節の移り変わりを舌で実感できた数少ない風物詩の一つであった。このイナゴはコーン、陸稲、ソルガム、サトウキビ、ワタ、ケナフ等の大害虫で、年一回発生し、幼虫は七～九齢を経過する。シーズン当初は雨季に入って土中に産卵に来る成虫が、その後は老熟幼虫も採取の対象になる。採取は早朝に行なうが、畑作地帯は内陸部の丘陵地に形成されているためかなり気温が下がり、虫の動作は不活発なので、寄主上のイナゴを比較的容易に捕獲できる。仲買人のもとに集荷された虫は布袋に入れられ、水に漬けて窒息させた後、成虫は翅を取り除いて出荷される。後肢には固い大きな鋸状の刺があるが、油で揚げればそのまま食べても支障はない。一九九四年四月に訪れたベトナムのハノイ郊外の食堂でもセスジツチイナゴとハネナガイナゴを食べる機会があったが、いずれも翅と脚を取り除いた後で豚の脂で揚げ、それに塩を軽く振って食べていた。

一九九二～九三年にかけてインドシナ半島一帯でセスジツチイナゴが大発生し、タイでもコーンをはじめとする農作物で被害を出した。そのとき東北タイのコラートに調査に来ていた筆者は、イナゴの駆除をゴリ押しする行政と、それに反対する農民とのトラブルの現場に偶然居合わせた。当地の農業普及局の出先機関はヘリコプターによる農薬の空中散布を強行しようとしたが、それを伝え聞いた農民側の強い反対で結果的に散布は中止に追い込まれてしまった。当時はコーン一キログラムが二バーツ（約八円）に暴落していたが、イナゴは一キログラム五〇バーツ（約二〇〇円）の高値で取引されていた。本来害虫であるはずのイナゴが農民にとって貴重な現金収入をもたらす益虫になってしまい、薬剤散布などとても許される状況ではなかった。イナゴに食い荒らされたまま放置されているコーン畑に立った時、同行してくれた普及局の係官氏に何と言って言葉をかけてよいものか大変困ったことが今でも思い出される。このほか、地方では水稲を加害するハネナガイナゴを油で揚げてそのまま食べていたが、絶対量はあまり多くないようで、バンコクでは全く見かけなかった。

ハチ類 タイの田舎では田植えが終わると、農民たちが近辺の林からヒメ（コ）ミツバチ *Apis florea* の巣を採取し、それをみなで分け合って食べ、疲れを癒す光景が現在でも見られる。バンコクの市場でも雨季に入った七月頃から乾季の初めの一二月頃まで、ヒメミツバチの巣（図32）が豊富に出回る。それから採取した蜂蜜（巣を直接絞るので腐敗が早い）も一緒に売られるので、それを水で割り、マナオ（レモン）汁を加えて冷やして飲むのがこの時期の楽しみの一つであった。野生のミツバチの巣は東北タイの各地で普通に売買されており、有名な産地も形成されている。これらの地域の道路沿いにはミツバチの巣を売る露店が軒を並べ、ヒメミツバチをはじめ、アジアミツバチ *Apis cerana*, オオミツバチ *A. dorsata* やスズメバチ類まで見かけることもある。

ヒメミツバチは東南アジアの熱帯に産する最小種のミツバチで、多くは手のひら大の単層の巣板を木の枝から吊るす。現地の人びとは巣を小さくちぎって口に放り込み、それを丸ごと呑み込んでしまう。筆者は巣に直接マナオ汁をふりかけ、それを生のまま切り取って口に入れ、後から巣だけ吐き出していた。これは疲労回復には最適で、調査に出かけた折には必ず露店でこれを買い求めたものである。

図32　バンコクの路上で売られているヒメミツバチの巣（8月初旬）

オオミツバチはミツバチ属で最大の種で、これに数カ所刺されただけでも黒髪がいっぺんに真っ白になるとのことわざがタイにあるほど強力な毒を持つハチである。このハチの巣を初めて見たのは、北タイの県都チェンマイの某ホテルの六階の軒先に作られたもので、ホテルでは危険防止のため巣の周辺の部屋はすべて使用を止めていた。ハチが巣を架けた家は大変に縁起が良いとの言い伝えが田舎にはあるようで、田舎のホテルでもあえて巣を壊さなかったのであろう。田舎のホテルの玄関先には、大きなスズメバチ類の巣をぶら下げている所がいくつかあった。チェンマイ大学の知人の話では、オオミツバチは必ず朝日の当たる所に巣を作る習性があるそうで、その後、電柱や大木、洞窟の入り口で大きな巣を見つけたが、すべて陽光のよく当たる場所であった。チェンマイ郊外には虫の料理を出す「その筋の好き者」が集まるレストランがあり、ここでオオミツバチとスズメバチ類の幼虫・蛹を何度か食べる機会があった。これらのナンプラー漬けは溶けるチーズにマヨネーズを少し加えたようなコッテリした感じのかすかに酸味のする珍味で、このほかに軽く煎ってバターとナンプラーで味付けしたり油で揚げたものは、いずれも酒の格好のツマミになった。また、ここで一度だけオオミツバチの巣を焼いて食べる機会があった。この辺りでは育房に詰まっている幼虫や蛹を巣ごと網に乗せて両面を軽く焼き、何も味付けをしないでそのまま小さくちぎって巣ごと食べる。これはたいへんな生臭さが鼻につき、なんとか三口まで食べたが、それ以上はとても食べる気になれなかった。これは疲労回復、滋養強壮に絶大な効果があるとのことであったが、まともに食べていないので真偽のほどは保証の限りではない。

タイワンオオコオロギ ***Brachytrupes portentosus*** 本種はインド以東の熱帯~亜熱帯アジアに分布する大型のコオロギである。タイでは陸稲、ナス科野菜、サツマイモ等の広範な畑作物の害虫で、土中に巣穴を掘って昼はそこに潜み、夜間だけ外に出て活動する。巣穴に水を注いで追い出したり、夜間灯火に飛来して来るのを捕獲する。北タイや東北タイの市場や露店では、雨季に入るとかなり大量に出回っていたが、バンコクではほとんど見かけなかった。筆者がこの虫を初めて見たのはミャンマーと国境を接する北タイのメーホンソンで、ある露店の売り台に乗っていた広口ビンの中であった。その口は布で蓋をされており、中に入れられていた雄成虫がギイーッという独特の強音を発したためにわかった次第で、それまでは迂闊にも気づかずに見逃していた。エンマコオロギを見慣れた目には、その桁外れの大きさは驚きであった。当地は大型のヒキガエルのから揚げとこのコオロギのてんぷらが名物で、大概の食堂のメニューにもこれが入っていた。他の地方でもから揚げ、熱湯にサッと潜《くぐ》らせナンプラーで煮込んだ串刺し（図33）や佃煮等があり、これらはいずれもビールの格好のツマミになった。何せ大型の昆虫であるため、てんぷらを一皿たいらげると、毎度のことながら大変〝食べ応え〟があったことが今でも懐かしく思い出される。

図33　ナンプラーで煮込んだタイワンオオコオロギの串刺し（東北タイ・サコンナコン郊外）

タガメ類　多くのタイ人に最も愛され、利用されてきた、タイを代表する食用昆虫はタガメ類であろう。大型で独特の強い匂いが料理に利用されるタイワンオオタガメ *Lethocerus* (*Belostoma*) *indicus* はとくに人気が高く、これを使った高級料理はボクトウガの一種 *Zeuzera coffeae* とともにかつては王族の献立にも登場したほどである。その匂いは雄の臭腺に由来するもので、それを買い求める時にはとくに強い臭気を発する雄だけが選ばれる。最近はこの匂いの合成品が出回り、一般家庭ではそれを使うことが多いと聞いた。格式のあるレストランでは鍋料理や生野菜に独特の匂いのするタレ（ペースト）を使うが、これは小エビに香草、タマネギ、トウガラシ、ショウガ、ニンニク、コショウ、マナオ等を加えてすりつぶし、これをケチャップやナンプラーに混ぜ、最後に蒸してすりつぶしたタガメを加えてペースト状にしたものである。これに煮えた具を浸したり野菜で包んだりして味わうが、独特のカメムシ様の匂いがするので、最初に味わった時には少々とまどった。しかし、いったんこの味に慣れると、なくてはならない調味料になるから不思議である。以前はタガメは雨季にしか入手できなかったので、これを蒸してナンプラーに漬け、長期間保存しながら利用したようである。現在は淡水魚の養殖が盛んになり、その副産物として生産されるため、ほぼ周年入手できるようになった。

筆者がタイで初めて食用昆虫に接したのがこのタガメで、市場で蒸したタガメを買い求めたミニスカートの若い女性が、その脚や胴体をちぎりチューチュー音を立て、歩きながらうまそうに中身を吸い出して食べていたのを見た時、たいへん強烈な印象を受けたことを今でも鮮明に記憶している。周囲の人びとが何ら奇異な目で見るような様子もなかったので、ここでは食虫が特定の人びとの習俗ではなく、かなり普遍化したものであることをこれによって認識した。ベトナムのハノイ郊外の食堂でも蒸したタガメが売られていて、人びとは脚や胴体をちぎって油状のタレに浸してうまそうに中身を吸い出して食べていた。しかし、鍋に付き物のタレはタガメを使ったものとは全くの別物で、とても物足りない思いをしたものであった。ベトナムではタイのようにタガメをすりつぶし、その特有の匂いを味わう料理法はないそうで、近隣国でもその調理法にかなりの差が存在することがわかった。その他、タイでは小型のタガメが何種類かおり、それらを蒸したり、油で揚げて食べていた。筆者は蒸したり茹でたものより油で揚げたタガメが好きで、この方が特有の匂いが少なくて親しめた。

タケツトガ（仮称） *Chilo fuscidentalis*　雨季に入ってタケノコが一斉に地中から顔を出し始めると、これにメイガの一種が卵塊を産み付ける。数日で孵化した幼虫はすぐに群れながら上方に移動し、適当な場所を定めると丸い穴を開けて侵入し、集団で内部のやわらかい組織を食べながら発育する。幼虫の侵入を受けてもタケノコは伸張を続けるが、虫の加害を受けた節から上は節間が短縮し、しばしば変形や裂け目を生じたり、ひどい場合には先端部が枯死することもある。また、食害している節の下部にも侵入し、内側から外側に向けたT字状の穴を開けるため、ここからかなりの量の分泌液が出る。一年一化で翌年の雨季入りとともに一斉に羽化する。本種はインドネシアのタケでも被害が報告されている。タケノコを野菜として利用し、つねに間引きされて十分に陽光の当たるような場所ではこのメイガによる被害は少ないが、手入れが不十分で、日照の少ない湿度の高い場所にあるタケでは被害が大きいようである。

幼虫の加害によりタケノコに現れる症状から幼虫の存在を識別し、それを切り倒して内部から幼虫を取り出す。かなり大量に採集できるようで、東北タイでは七月から八月末まで市場や露店に豊富に出回る（図34）。チェンマイ郊外のレストランではシーズンになるとこれを大量に仕入れ、長期間冷凍庫で貯蔵しながら必要に応じて解凍して用いていたので、ここに行けば一年中これを食べることができた。から揚げにして塩で味付けしたり、ナンプラーで下味を付けたてんぷらが最もポピュラーで、ともに酒の格好のツマミになった。また、生きている幼虫はコッテリと油がのり、薄い甘味がほのかなタケの香りと調和して何ともいえないうまさであった。

図34　チェンライ（北タイ）の市場で売られている煎ったタケツトガ幼虫

ゲンゴロウ類とガムシ類　代表的な水生昆虫で、かなり広い地域で食用にされている。成虫を焼くか油で揚げて翅と脚を取り、味付けしないでそのまま食べるのが一般的な食べ方である。味は種類によって千差万別で、多くの場合、脂っこい魚の燻製に近い感じで、これに臭い魚油に似た匂いが鼻についてムカツクことが多かった。しかし、たまにはスルメか干した貝柱の味によく似た感じがする物もあり、食べてみないことには味が全くわからないのにはまいった。また、東北タイのラオスおよびカンボジア国境周辺のかなり広い地域では、これらを塩水で煮て日陰で十分乾燥させ、副食用の保存食として長期間利用していた。これらは虫の発生が少なくなる乾季にも利用でき、子どものオヤツにもなっている。

(e)　滅びゆく昆虫食

世界の三大有益昆虫としてカイコガ、ミツバチ、ラックカイガラムシ *Laccifer lacca* を挙げることができ、タイでもこれらの昆虫に依存した産業が成立している。現在ではこれらの産業の経済的な重要性は以前よりも相対的に低くなってきているとはいえ、いずれも地域経済にとって依然としてなくてはならない存在である。しかし、タイで生活してみると上記の昆虫だけが有益なのではなく、程度の差こそあれ、もっと身近にいる多くの昆虫が人々の日常生活のなかで役立っていることが実感できた。とりわけ昆虫を食用に利用する習俗は、地域的な偏りはあるにしても、タイ人の生活のなかにしっかり根を下ろしている感がある。とくに北・東北タイにおける食用昆虫は量的にも質的にも豊富であり、調理法や利用法なども多様で、それらは他国の追随を許さないであろう。昆虫は自然環境の産物であり、それが食用として利用されるほど質量ともに豊富であることは、それを育む自然環境の豊かさを示すものにほかならない。

タイは多くの民族からなる多民族国家であり、彼らはそれぞれが独自の生活様式を守って生活している。昆虫食をとくに好むラオ族系の人びとが多い北・東北タイでは、現在でも食用に多種類の昆虫が売買され、レストランや食堂、露店でも昆虫を取り入れたさまざまな料理が出され、多くの人びとがこれを楽しんでいた。このような食虫習俗を経験したり見聞するにつけ、いつも疑問に思っていたのは、タイに居住する諸民族のなかで、なぜラオ族系の人びとに食虫の習慣が顕著に発達したのかということであった。食習慣といった伝統的な生活様式は自然や伝統、宗教等の要素が複雑に総合されて形成された文化であろう。したがって、食虫習俗の意義が十分に理解できるならば、民族固有の生活様式、伝統や習慣、自然との関わり方などがより深く理解できると思われる。残念ながら短期間の滞在中にこれらの疑問を解消させることはできなかったが、疑問をいつも抱きながら多様な民族の固有な一文化である食虫習俗に接してきたことは、通り一遍の旅行者にありがちな身勝手な価値基準ではなく、より複眼的な視点を持って異文化を見ることができた点でたいへん有意義であった。

一九六〇年代中頃からタイは経済成長が著しく、所得が増加するにつれて食生活も大きく変化し、今後もこの傾向は一段と加速するように思われる。これに伴って経済的に豊かになった中部タイのタイ湾沿岸とそれ以南の半島部の地域では、肉や魚、加工食品が利用される機会が多くなり、これらの地域ではすでに食虫習俗がほぼ完全に廃れてしまったように思われる。たとえば一九三〇年代の初め頃、イギリスの昆虫学者たちが食虫習俗を調査した当時、バンコクの北約八〇キロメートルに位置するアユタヤの町は、マメ科の灌木セスバニアの茎に食入するボクトウガの一種 *Z. coffeae* の有名な産地で、この幼虫は食用に、地元はもとよりバンコクにも運ばれて売られていたことが記録されている。しかし、現在でもこの町の河川の堤防上にはセスバニアが所どころに自生し、これにボクトウガがかなりいるにもかかわらず、人びとがこの昆虫を食用にしている様子は何も認められない。このように中部タイ以南の地域では、以前に比べて食虫習俗は明らかに衰退していることがわかる。

一方、依然として食虫の盛んな東北タイの地方でも、食虫習俗の衰退傾向が徐々に進行しているように思われる。カセサート大学の昆虫学者である知人の話では、彼の出身地東北タイのブリラムは昔から食虫の盛んな所であるが、帰省するたびに市場に出ている食用昆虫が質量ともに貧弱になってきているのを実感するそうである。遅ればせながら北・東北タイでも徐々に所得は向上しており、これにつれて中部タイ以南の地域で見られたように食虫習俗も何らかの影響を受け、しだいに衰退して行く日もそう遠くないように思われる。タイにおける食虫習俗を文化として認識し、それを構成してきた幾多の要素を正しく理解するためにも、それらが残っている今のうちにしっかりと記録しておく必要があろう。

（桑原雅彦）

三、パプアニューギニアのサクサク・ビナタン

サクサクは現地語でサゴヤシ、ビナタンは虫を意味する。サクサク・ビナタンとはサゴヤシを切り倒しておくと、そこに発生する大きなゾウムシのことで、多くはヤシオオオサゾウムシ *Rhynchophorus ferrugineus* である。現地の人はその幼虫を好んで食べている。パプアニューギニアに限らず、ヤシオサゾウムシ類の分布するアジア、アフリカ、南米などの熱帯地域では、これらのゾウムシが広く食用にされていることが知られている。パプアニューギニアではいろいろな昆虫が食べられているが、量的にも質的にもサクサク・ビナタンは代表的食用昆虫といえよう。

ニューギニア島は最後まで原始（石器）時代の生活が維持されていた所として、文化人類学者垂涎の地域であった。島の西半分はイリヤンジャヤと呼ばれ、現在はインドネシア領となっており、東半分はパプアニューギニアとして一九七五年に独立したが、その前はオーストラリアが統治しており、現在でもその名残りでオーストラリアとは密接な関係にある。一九世紀の植民地時代には、ドイツが北東部を、イギリスが南東部を植民地としていた。パプアニューギニアが西欧に知られたのは一六世紀にさかのぼるが、一九世紀末までは、ほとんど外国との接

触がなかったようである。

パプアニューギニアは、太平洋戦争において日本軍が辛酸をなめたオーエン・スタンレー山脈を含む四〇〇〇メートル級の山脈で南北に二分されており、首都はポートモレスビーで南の海岸にある。サゴヤシは湿地帯に生えるヤシで海岸や河川沿いの湿地に自生していて、住民はこのサゴヤシから採れる澱粉を主食の一つとしている。澱粉を採るために伐り倒したサゴヤシが澱粉含量不足で破棄されたとき、また澱粉採取後放置された幹の残部などにはヤシオオオサゾウムシの成虫が飛来して産卵する。そして孵化した幼虫は髄に食入して成長し、老熟すると五～六センチメートルに達する。これを住民は採って食べる。パプアニューギニアのゾウムシ食は古くから行なわれていたようで、一九世紀末にマダンの近くに上陸し二年間一人で生活したロシアの博物学者ミクルホ・マクライの紀行に、住民が虫（ヤシオオオサゾウムシ幼虫と思われる）を採って食べては笛を吹いて踊る様が書かれている。この辺は海岸地帯なので、魚も獲れたはずだが、住民は漁撈を好まないようで、昆虫、とくにゾウムシ幼虫は重要なタンパク質源であったようである。太平洋戦争中に、敗走した日本軍の兵士が、飢餓に陥り、住民からヤシオオオサゾウムシ幼虫を食べることを勧められた。躊躇していると「日本兵はこれを食べないから戦争に負けるのだ」といわれ、恐る恐る食べてみるとうまいので、それから争って探して食べるようになったということが、奥村正二氏著『戦場パプアニューギニア』に書かれている。

しかし、現地人に教えられるまでもなく、ゾウムシの幼虫の食料的価値を見出して、食べていた日本兵もいた。その辺の事情を、パプアニューギニアの戦場から生還された鈴木芳久氏が次項(「四　戦地でのサクサク・ビナタン食の想い出」)に書かれている。

(a) ヤシオオオサゾウムシの生活環

成虫はヤシの切り口に集まり産卵する。これは切り口から揮発性の誘引物質が放散するからで、その誘引力は切ってから四～六日目が最高になるということである。一般にヤシオオオサゾウムシは健全なヤシには加害せず、木を切ったり、梢部にカブトムシが食入したりすると、そこから発散する誘引物質に引かれて集まり、加害するといわれているが、時には健全木を加害することもあるようである。

成虫は体長約三五ミリメートルで、体色には変異が多いと報告されているが、パプアニューギニア北部海岸のウエワク周辺で採集した個体はたいてい真っ黒で、時どき口吻から頭頂、前胸背にかけてオレンジ色の条が入ったものがいる程度であった(図35)。夜行性のようで、昼間は切り株や樹液に集まっているのを見ることはないが、サゴヤシ切り株の根元に堆積した切り屑を掘り返すと出てくる。よほど明るい所が嫌いらしく、明るい所に置くとすぐ物の陰や下に隠れようとする。文献によると活動時間は日の出から午前九時までと午後五時から日没までの二回ということになっている。成虫は多数回交尾を行ない、一回の交尾時間は六～一一分で、雄が雌に乗っかって交尾をし、交尾が終わっても離れず、そのまままた次の交尾をすることもしばしば見られる。産卵は交尾後一～七日で始まる。成虫の寿命は長く、三～五カ月は生きており、その間の一雌当たりの産卵数は平均二七五個といわれている。卵はサゴヤシの髄の中に一個ずつばらばらに産み込まれる。

卵は長さ二・五ミリメートル、幅一・一ミリメートルの長楕円形白色で、卵期間は三〇℃で三～四日間である。

図35　ヤシオオオサゾウムシ成虫

孵化した幼虫はすぐにサゴヤシの髄を食べ、髄にトンネルを掘って食べ進む。幼虫期間は長く、一～三カ月と思われる。齢数は一定しておらず、六～一〇回の脱皮を行なって老熟する。老熟幼虫は体長五〇～六〇ミリメートル、腹部中央の背高になっている部分で幅二〇ミリメートルくらいである。体は白色で胸脚を欠き、頭部は固い赤褐色の頭殻で覆われている（図36）。強力な大顎を持ち、これでサゴヤシ髄を噛み砕くが、噛まれるとたいへん痛く、噛まれ所が悪ければ、出血したりする。老熟した幼虫はサゴヤシの繊維を噛んで粗い繭を作る。これは噛み取った繊維を上手に曲げて綴り合わせたもので、絹糸のようなものや接着物質のようなものは使っていないようである。繭は長さ五〇～九〇ミリメートル、幅二〇～四〇ミリメートルで長楕円形をしている。繭の中で前蛹になると、体長は縮み三〇～四〇ミリメートルくらいになる。そして一～二日後に脱皮して蛹になる。

蛹は明褐色の裸蛹で、蛹期間は一二～三三日である。繭の中で羽化した成虫はすぐには脱出せず、四～一七日くらい繭内に留まっている。

図36　サゴヤシの髄の中にいるヤシオオオサゾウムシ幼虫

ヤシオオオサゾウムシの寄主植物としてはサゴヤシのほか多くのヤシ類、さらにサトウキビ、アロエ、バナナ、カカオ、パパイヤ、パイナップルなどが知られている。また、実験的にはリンゴで飼育することもできる。

(b)　サゴ澱粉の採取法

パプアニューギニアのヤシオオオサゾウムシ採集はサゴヤシ澱粉の採取と密接な関係にあるので、澱粉の取り方について簡単に説明する。澱粉はサゴヤシの幹の髄の中に貯えられている。

サゴヤシは花が咲くまで六〜七年かかるが、花が咲く直前が澱粉含量が最も高いといわれている。そのようなサゴヤシを伐り倒して、その場で澱粉を抽出するのである。サゴヤシの樹皮は固く、斧を跳ね返すほどだが、切り口が髄に達すると、中は軟らかく容易に伐り倒せる。まず、樹皮をはぎ取り、木の棒などで髄を叩いて崩し、得られた髄の破片を集めて、ヤシの葉鞘などで作った絞り器に載せ、水を掛けながら手で揉む。流れ出た乳白色の液をこれもヤシの葉鞘を利用した受皿に貯めておくと、澱粉が沈澱する。澱粉は薄いピンク色をしており、上清《うわずみ》を捨てた後、すくい取ってバケツなどの容器に入れて持ち帰る。澱粉を絞り取った滓は、その場に捨てるが、まだ澱粉がかなり残っている状態だと、ヤシオオサゾウムシ成虫が飛来して産卵するようである。この絞り滓の堆積には、フクロタケの一種が生えてくる。これは美味で、現地人も好んで食べるキノコである。持ち帰った澱粉は水でざっと洗ってゴミなどを取り除き、熱湯をかけながら掻きまぜる。するとくず湯の固いものができるが、これを両手に持った箸または棒切れ二本で上手に絡め取って団子状に丸め、皿に盛る。これだけでは味がないので、現在ではサバの缶詰などを上からかけて食べているが、缶詰が入手できるようになったのは比較的最近だと思われるので、昔は味のないくず饅頭のようなものをそれだけで食べていたのだと思う。蛇足ながら、パプアニューギニア原住民は味音痴であったらしく、西丸震哉氏の『さらば文明人』によると、一九六八年頃の原住民たちは塩味くらいにしか興味を示さなかったようである。現在では、各種調味料が普及しており、化学調味料も使っている状況であるので、話は違っている。

(c) ヤシオオオサゾウムシの食べ方

ヤシオオオサゾウムシが発生しているサゴヤシ伐倒木を切り崩していくと、大きな幼虫がごろごろと転がり出てくるが、これを見た現地人の子どもたちはわれ先にと飛びつき、アッという間に口に放り込んでしまう。その速いことといったらまさに目にも止まらぬ早業である。そしてほとんど嚙む様子もないので、そのままペロッと呑み込んでしまうのだと思う。前述のように、老熟幼虫になると偉大な大顎を持っており、嚙まれると出血しかねないほどなので、生きたまま呑み込んで胃を嚙まれたりしないものかと心配になるが、呑み込んでから苦しがるということは一度も見られなかった。子どもばかりでなく、大人も幼虫を生で食べるのが好きなようである。ほっておくと出てくる幼虫を全部子どもに食べられてしまうことになるが、そうはさせてもらえない。この幼虫は重要な現金収入源なのである。夕方道端に物を並べて売る市場には、幼虫五〇頭くらいをビニール袋に入れたものが売りに出される（図37）。一袋二キナくらい（一キナは約一一〇円）なので一頭四～五円につく。これは現地人にとってはけっして安い値段ではない。したがってヤシオオオサゾウムシはご馳走なのである。このような事情なので、放置されたサゴヤシに自然発生する幼虫だけでは需要を満たせない。そこでヤシオオオサゾウムシを増やすために、サゴヤシを伐ることもあるようである。この場合、そのサゴヤシに発生する昆虫はすべて、その木を伐った人の所有物となる。現地人はどの伐倒木が誰の物か知っている。それを知らずに勝手に倒木や切り株を崩して昆虫を採集すると、トラブルのもとになりかねない。サゴヤシには多くの変種があるが、刺《とげ》のあるサゴヤシで澱粉のあまり取れない変種もあり、そのようなヤシを伐り倒してゾウムシの養殖に用いることも行なわれている。伐り倒したヤシの樹皮を一部剝いでおくとゾウムシが産卵し、その一カ月後から二カ月にわたって、幼虫が採集できる。一本当たり五〇〇から六〇〇頭の幼虫が捕れるという。採取の際、出てきた蛹と成虫はその場で食べてしまい、幼虫はマーケットに売りに出して、現金収入となる。

図37　マーケットで売っているヤシオオオサゾウムシ幼虫

売られている幼虫のなかには死んでいるものもある。なにしろ密閉した袋の中で日向に放り出されているので、生きているのが不思議なくらいである。これらの幼虫はたいてい料理して食べるようで

図38　料理されるヤシオオオサゾウムシ幼虫

図39　ヤシオオオサゾウムシとアイビカ，フクロタケのシチュー

ある。次に代表的なシチュー風料理法を紹介しよう。まずココナッツのコプラを絞ってココナッツミルクを作る。これに塩、化学調味料、タマネギを入れて煮立てる。沸騰したならばアイビカという菜っ葉を入れる。これはハイビスカスに近縁な植物であるが、見たところホウレン草に似ている。パプアニューギニアではごく普通の野菜である。これが煮えたら、いよいよゾウムシ幼虫を入れる。幼虫はあらかじめ洗っておく（図38）。幼虫の背中をつかんで、前後に引っ張って背中を裂く。熱い汁物に卵を落とす時のように、鍋の上で背中を裂く。滴り落ちた体液は熱湯の中に落ちて瞬時にして凝固する。背中を裂かれた幼虫も熱湯中に落とされてたちまち凝固し、はみ出した脂肪体が掻き卵のようにふわふわと漂う。幼虫を全部鍋に入れ終わったら、少し煮立てて最後にサゴ澱粉絞り滓に生えるフクロタケを入れて蓋をして煮

る。数分煮たところで鍋を火から下ろし、皿に取り分ける（図39）。味はどうかというと、筆者が試食したところゾウムシ幼虫らしい独特の味というのは感じられなかった。強いていえば、少し甘味があり、掻き卵、とくに白身のところを食べているような感じであった。表皮や頭殻は固く、口に残る。頭殻は噛めば砕けて細かくなるが、表皮はなかなか噛み切れない。しかしよく噛むと、こりこりした固めのキノコでも食べているようで、食べられなくはなかった。

このほかの料理法としては、野菜やキノコなどと油で炒めるもの、串に刺して焼くものなどがある。これらは塩や醬油（パプアニューギニアでは日本製の醬油を売っている）で味付けしたりするが、ゾウムシそのものの味はシチューにしたものと同じだった。もっと野趣に富んだ料理法としては、焚き火をして石を焼き、その石を地面に掘った穴に入れ、その上にゾウムシ幼虫や、イモなどをバナナの葉にくるんで並べ、さらにその上に土をかけて蒸し焼きにするという料理法があるということである。

食用の対象となるのは主として幼虫であるが、蛹や成虫も食べられている。やはり生きているまま食べたりするが、成虫の場合は翅や脚を取って焼いて食べることが多いようである。

(d)　ヤシオオオサゾウムシ以外の食用昆虫

パプアニューギニアでは、ほとんどすべての昆虫が食べられているということであるが、筆者が一九九三年に調査した際、見聞きできたものは次のようなものである。

まずヤシオオオサゾウムシ以外でサゴヤシに発生する昆虫であるが、大きなものではサイカブトムシ（タイワンカブトムシ）とクロツヤムシがいた。両方とも季節の関係からか少数の成虫が採れただけだが、これらももちろん食べるということだった。三〜四センチメートルのハナアブの幼虫もいたがそれも生きているまま食べるということだった。そのほか小さいゾウムシが数種いたが、小さいので、食料としての価値はないと思われる。

パンの木にはカミキリムシが多いようである。これは現地語でカピヤック・ビナタンと呼ばれていた。枯れたパンの木の樹皮を剝ぐと、大小の幼虫が見つかり、さらにブッシュナイフで孔道を削っていくと、一〇センチメートル以上もある巨大な幼虫や蛹が出てきた。蛹の大きさや形、とくに三重に巻いた長い触角から、たぶんウォーレスオオシロスジカミキリだと思う。残念ながら成虫は採れなかった。現地人はカミキリムシの幼虫を火で炙って食べる。日本のカミキリムシと同じで、多少甘味があり美味である。同じく樹木に穿孔している昆虫にボクトウガやコウモリガの幼虫がいる。現地人は熱帯雨林に入ると、すぐこれらの幼虫が穿孔している木を見つけ、ブッシュナイフで削って幼虫を捕まえる。一〇センチメートル以上もある白いきれいな幼虫もいた。その蛹と思われる一〇センチメートルくらいの褐色棒状の蛹も採れた。私に同行した二人の少年はそれを半分にちぎって二人で分け合い実にうまそうに食べてしまった

（図40）。そんなに大きくないものでは五センチメートルくらいのコウモリガの幼虫が、たくさん採れた。現地人たちは木屑や虫糞の出ている枝や木を見つけしだいブッシュナイフで削って虫を取り出し、おやつにしているようであった。バッタも好物である。部落の周辺では、よく子どもがバッタを捕まえ、ヤシの葉から取った繊維などに通してぶら下げている。あまり大きなバッタはおらず、主として幼虫で、長さ二〜三センチメートルくらいのものが大部分だった。なかには日本のイナゴと同属でそっくりなバッタもいた。初めはバッタを採って遊んでいるのかと思っていたが、時どき吊るしたバッタの中から一匹、二匹とはずしてはまだ動いているのをそのまま食べていた（図41）。これも子どもたちのおやつだ

図40　おいしそうにボクトウガ蛹を食べる少年

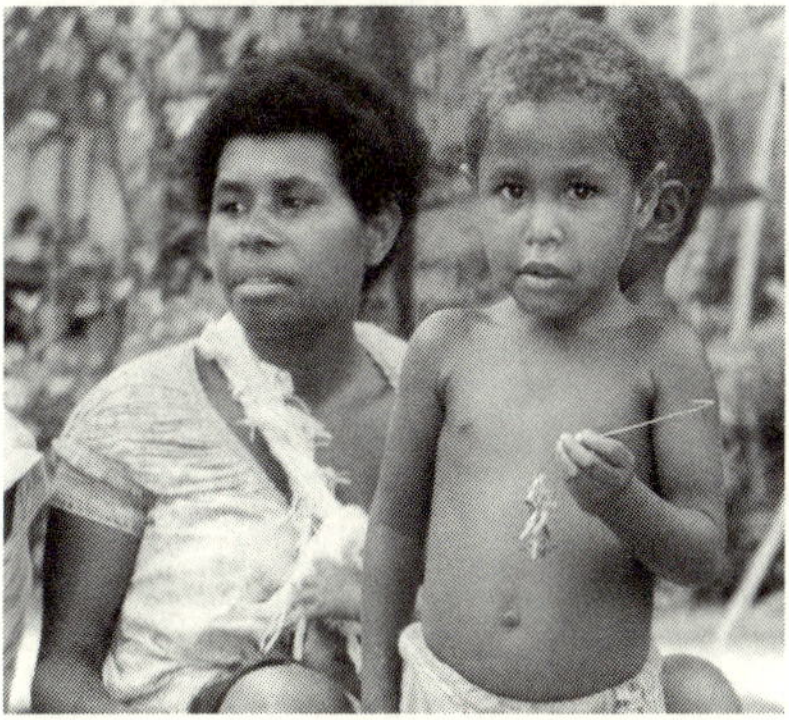

図41　草の芯に吊るしたバッタをおやつにする子ども

ったのである。大人たちは火で炙《あぶ》って食べていたが、焼いたバッタは香ばしく美味だった。同様にして、カマキリも食べる。パプアニューギニアでも、飛蝗が大発生することがあり、一九八八年に北海岸の街ラエの近くで大発生があり、この時はバッタが食料として消費された。

調査地の一つであったマンベルという部落に行く途中にアンゴラムという町があった。この町はセピック川の川辺にある町である。セピック川には体長四センチメートルくらいのカゲロウがおり、季節により大発生をして川面を覆うということであった。現地人はこれを捕まえてそのまま食べるということだった。パプアニューギニアにはサゴヤシの葉を食べる巨大なトゲナナフシがいる。サゴヤシの葉は家の屋根や壁を作るのに使われるので、家を建てたり、屋根をふき替えたりする時に採れる。これを串に刺し、刺が焼け落ちるまで焼いて食べる。

以上のほか、実見する機会はなかったが、セミ、シロアリ、コガネムシ、スズメガ成虫、アリ、ハチ幼虫、クモなども食べるということだった。変わったところでは、奥地のある部族では、結婚式の時、祈禱師が新郎新婦にトリバネアゲハの蛹を一つずつ食べさせるところがあるという話も聞いた。トリバネアゲハを食べるなんて、もったいない話ではある。

四、戦地でのサクサク・ビナタン食の想い出

(a)　太平洋戦争末期の状況

筆者が当時置かれた状況はだいたい次のようであった。

昭和一七年（一九四二年）朝鮮京城の第二二部隊（第二〇師団歩兵七八連隊）に召集兵として入隊し、昭和一八年八月パラオ島を経て同年一二月最後の輸送船で東部ニューギニア（現パプアニューギニア）に向かった。本隊は第一八軍第二〇師団衛生隊（隊長江本大佐）であり、われわれ一九二名はその補充要員としてウエワクに上陸し、陸路前進して海上を進んだ本隊とマダンの先で合流し、転進命令によりマダン、ハンサ、ウエワクを経てアイタペ作戦に参加したが、突破できず、軍命により衛生隊はボイギン地区（ウエワクの近く）の警備に当たった（昭和一九年一〇月より一二月まで）。筆者自身は衛生隊部隊副官（小笠原中尉）と二人で自活に入った（副官は脚気のため歩行困難、大腸炎を併発して昭和一九年一二月一六日病死）。その後一二月下旬に山南地区（アイン、シング、バング）警備のため移動し、終戦を迎え、昭和二〇年一〇月一日にボイギン地区に集結し、武装を解除されて捕虜となり、軍全員ムッシュ島で生活し、昭和二一年一月に氷川丸で浦賀に復員した。ただちに部隊全員が栄養失調のため入院させられたが、幸いにも筆者は一晩で転送許可（会津若松陸軍病院）が出て、故郷の会津に帰ることができた。

衛生隊総人員一一一八名中生還者四九名、同隊補充要員一九二名中生還者四名（筆者を含めて）であった。

(b) 当時の食糧事情

ほとんどの衛生隊の将兵は集団生活をしていたが、靴はなく裸足で（靴や衣類の補給はなかった）日常生活をしていた。毎日の日課は食べられるものを探して歩くことであった。ヘビなどは皮をむいて頭から生のまま食べ、火を使わなければならない食物以外は、生のまま食べることが多かった。火を使う場合は、敵に煙が発見されないようとくに注意した。

本隊（衛生隊）の転進中、ハンサ糧秣廠で各人が最後の糧秣を受領した。筆者は米一斗一升、塩一升を受け取った。以後捕虜になるまで（約一年一〇ヵ月）食料その他全く補給がなかった。したがってボイギン地区に到着するまでは、わずかの米とパパイヤ、パンの木の実、そのほか食べられるものを探して食べながら行軍してきた。

ボイギン到着後（昭和一九年一〇月）初めて主食として澱粉（サクサク）を採取して自活するように命令が出て、三〜四人一組で実施することになり、一日で三〜四日分の澱粉を採るようになった。筆者が初めてサクサク・ビナタンと出会ったのはその頃だった。実は子どもの頃、会津の田舎で柳の木や他の枯れ木の中にいる虫（名前は不明だが小指くらいの白い虫）を採ってきて焼いて食べたことを想い出して、食べられると思って（澱粉を食べている虫だから）食べてみたところ、ちょっと油濃くてうまかったのが第一印象だった。まず口の中に入れてちょっと固い頭を歯で噛むと、口の中でくねくねと踊るのであった。それをそのまま噛んで食べたのである。一回澱粉採りに行くと、その都度一〇匹くらい見つけてそのまま食べたのであるが、下痢などはしなかった。たいていその場で食べてしまったので、持ち帰って料理するようなことはしなかった。

澱粉採りは一回に四～五日分の量を採ってくるので、四～五日おきに行って自然に開花して倒れたサゴヤシの木（サゴヤシは花が咲くと枯れる）や、原住民が以前に倒して澱粉を採った後のサゴヤシにいるビナタンを採るのである。倒れているヤシの幹を見ると、小指くらいの穴があって、ビナタンがいることがわかり、斧や蛮刀などで幹を切り崩して採った。この澱粉採取行では一度も原住民に出会うことはなかった。したがって、原住民とサクサクやビナタンを取り合うとか、それに絡んだトラブルなどは起こらなかった。

当時筆者は副官付きだったので、毎日の日課は副官の食糧を確保するために食べられるものを探して歩くことで、野草採りや、鳥を撃ちに出かけたり、川にエビや小魚を採りにも行った（網は蚊帳で作った）。エビなどは生で食べたり、持ち帰って料理して食べた（ただし味付けは塩味だけ）。

山南地区に移動した後も同様な日課だったが、銃はほとんど使用せず（弾薬の補給がないため）、また魚のいる川も近くにはなかった。一人用のタコ壺（直径一メートル、深さ一・二メートルくらいの穴）を掘り、敵の襲撃に備えていたが、そのタコ壺を早朝見回ると、中にネズミ、カエル、トカゲ（一〇～一五センチメートルくらい）などが落ち込んでいるので、それらも捕らえて焼いて食べた。時には熱帯熱マラリヤのため四〇℃くらいの熱が二～三日続くこともあり、そのため食料を採りにいけない日は、日向に出て竹のようによくしなる棒でトカゲやバッタを捕り、焼いて食べたりもした。タンパク質と塩分が不足していたので、何を食べてもおいしく思った。

塩の不足は山南地区に入ってから極端となったので、原住民に聞いて塩分を含んだ水を探し、煮沸して塩を得た。一日かかっても飯盒の底にわずかに白く残る程度しか取れなかったので、貴重品であった。

ほかの兵隊も私と同様に、サクサク・ビナタンをはじめ、食べられるものは何でも食べていた。しかし、長い間の食糧不足やそれによる栄養失調と熱帯熱マラリヤなどの病気の併発により、戦病死者が毎日のように出た。したがって、われわれ衛生隊では、爆撃、砲撃などによる戦死者は二割以下で、ほかは戦病死、餓死によるものであった。戦場においては生と死は紙一重であり、それは全く運、不運によるものであった。

本稿を終えるに当たり、遠い異国の地で戦死、病死された多くの方がたに対し、心からご冥福をお祈りする次第である。

（鈴木芳久）

第六章　オーストラリアとオセアニア諸島の昆虫食

現代におけるオーストラリアの昆虫食は依然として先住民族アボリジニーのものである。最近、アボリジニーの食資源が「ブッシュ・フード」と称されて興味が持たれるようになっており、一部観光目的のために西洋料理化されたものもあるが、まだごくわずかしかない。アボリジニーは世界中で最も原始的な生活を維持してきた民族であった。海岸から砂漠地帯、熱帯雨林と広く分布しており、五〇〇に及ぶ異なった言葉を話す部族があり、三一の言語グループに分けられるといわれている。この中で昆虫食で有名なのは、中央部の砂漠地帯に住むアボリジニーである。しかし、近年ではオーストラリア連邦政府の保護政策により、生活はかなり近代化され、三分の二は都会またはその周辺に住み白人社会に溶け込んでいる。そうはいっても文明生活になじむのは簡単ではないようで、ノスタルジーもあってか保護施設を出て、昔のような野外生活に戻る人たちも少なくなく、それらの人びとは相変わらず、伝統的な食虫習俗を維持しているようである。とくに食虫習俗が保たれているのは中央部のエアーズ・ロックの近辺で、ウイッチェティ・グラブやミツツボアリを食べることで有名である。このほか場所によっては、ブゴングガ、ツムギアリなども食べられている。以下、これらの昆虫を中心にオーストラリアの食虫習俗を眺めてみるが、アボリジニーの野外生活を密着取材することは容易でなく、以下に紹介するもののなかにはかなり古い文献に基づくものもあることをお断りしておく。

(a) ウイッチェティ・グラブ

これはアボリジニーによってウイッチェティ（witjuti または witchety）と呼ばれている虫である。グラブというのは、地中にいるイモムシで、一般に白く、軟らかく、太った幼虫で、たとえばカブトムシの幼虫とか根切り虫などの総称である。ウイッチェティ・グラブは特定の種ではないが、大部分はアカシアの根に穿入している大型のボクトウガ *Xyleutes leucomochla* の幼虫である。ユーカリの根に穿入する種類もある。この虫はかつてはオーストラリアの中央部に住むアボリジニーにとっては重要なタンパク質源であったと思われる。栄養価は高く、大型のグラブ一〇匹で大人一人の一日分の栄養の必要量を満たすことができるといわれる。アカシアの根に穿入しているグラブを見つけるには、ヤムイモを掘る時に使う棒を木の根元の地面に突き立て、根に当ててテコのように力を加えると、虫がいる時は根がすぐに折れるのでわかるということである。このようにして虫を見つけたら丈夫な木の枝などを使ってその木の根の周りを掘り下げ、根の中に入っている幼虫を取り出すのである。時には一メートル以上も掘らなければならないのでかなりの重労働となるが、このような仕事は女の人がやることが多いようである（図42）。またユーカリに穿入する種類は根元に小さい穴を開けて穿入するので、穴やその穴からこぼれ落ちるおが屑状の排泄物を手がかりにこの虫を見つけだし、先が鉤状になった細い枝を穴から差し込み、中の幼虫を引っ掛けて引きずり出す。

図42　エアーズ・ロック付近のアボリジニーがウイッチェティ・グラブを採るために棒で樹の根際を掘っているところ。（ユララ・ビジターセンターのパネルより複写）

図43　掘り出されたウイッチェティ・グラブ。胸の背面が茶色くキチン化しているほかは真っ白で，大きいものは10cmくらいある。（ユララ・ビジターセンターのパネルより複写）

　取り出した幼虫は剥いだ木の皮をお盆のようにしてその中に貯めておき、あとで料理して食べる。大きな幼虫は一〇センチメートルくらいにもなる（図43）。料理といっても簡単なもので、焚火をしてその熱い灰の中に幼虫を投入し、加熱するだけである。これはナッツのような香りがあるということであるが、これを食べた中野不二男氏によると、多少の酸味と苦味があったが、かなり淡泊な味だそうである。アボリジニーの子どもはこの虫を生きているまま食べたりもするそうだが、生のウイッチェティ・グラブもやや酸味があり、独特の臭みがあるという。また生の虫をパクッと食い ちぎると、噛んだ瞬間舌にまつわりつくような粘液が広がり、その感じはとろりとして、甘エビに似ているということである。

近年アボリジニーのブッシュ・フードが観光客などにもてはやされ、それを西洋風に料理したものを出すレストランも出てきた。オーストラリア航空でも一部機内食に取り入れているということである。エアーズ・ロックへの拠点であるアリススプリングスのホテルでは、ウイッチェティ・グラブのスープを出す所があった。注文してみると、出てきたものは少し赤味を帯びた灰色の濃い目のポタージュで、その中に薄茶色の挽肉のような粒つぶが入っていた。ボーイに尋ねると、それがウイッチェティ・グラブの肉だということだった。本当にそうなのかどうかわからないが、とくに虫臭いということはなく、時どき塊になっている挽肉のようなものを味わってみても、淡泊で鳥肉とか兎の肉というような感じであった。ウイッチェティ・グラブのスープは現地のホテルばかりでなく、同様なものは缶詰になってケアンズの空港のキオスクでも売っていた（図44）。これはやはりアリススプリングスの食品会社の製品で、買って来て食べてみたが、味も同じようだった。あるレストランの話では、人差し指くらいのウイッチェティ・グラブを買い付けて、凍結保存しておき、これをつぶして裏ごしにかけて肉汁と混ぜてスープを作るということだった。またウイッチェティ・グラブをそのままローストしたものを出すレストランもあるという。これを食べたあるアメリカ人の話では、うまくなく、皮は焼きすぎた雛鳥の皮のようで、中身は黒く、ちょっとナッツのような感じがしたということである。このグラブの内臓を取って、卵とニンニクの詰め物をした料理はまだましだったということである。このレストランでは毎年一万二〇〇〇匹のグラブを消費するということなので、そのうちウイッチェティ・グラブがいなくなってしまうのではないかと心配になる。

図44　ケアンズ空港で売っていたウイッチェティ・グラブのスープの缶詰のラベル。アリススプリングスの食品会社で作ったもの。

　なお、ウイッチェティ・グラブの成虫であるボクトウガも食べられており、大発生をした時は、キャンプファイヤーに飛び込んでくる蛾を火から掻きだして食べるそうである。

(b) ブゴングガ

これは学名を *Agrotis infusa* という日本のカブラヤガに近いヤガ科の蛾で、毎年オーストラリアの春である一一月から一月にかけて大発生し、オーストラリア・アルプスを目指して飛んできて、ある特定の地域の花崗岩に集まるという習性を持っている。この蛾は移動性の蛾で、春の世代の成虫は山に向かって移動し、そこで群れをなして越夏をする。これは一一月から四月くらいまでの期間である。夏の終わりか秋になると、今度は山から下りて、ニューサウスウェールズ州やクイーンズランド州の低地にある繁殖地に向かい、牧場などの一年生双子葉植物に産卵する。その牧場では夏の間この蛾の幼虫の餌となる植物が少なく、遠い山地で夏を越して幼虫の餌が育つ秋に戻ってくるということは理にかなった行動といえよう。アボリジニーは遠くの低地からずっとこの蛾を追いかけてきて、花崗岩が露出している洞窟や岩の割れ目などに群れているところを見つけ大量に捕まえる。このような場所をアボリジニーはワロゴングと呼んでいる。この蛾を大量に集めるには、まず岩の基部で焚火をして蛾をいぶす。こうすると蛾は動けなくなるので、そこをすくい採るのである。採った蛾を調理するためには、まず地面に採れた蛾の量に応じた円形の場所を作り、その上で火を焚き地面を十分に加熱する。土が熱くなったらその上に蛾をぶちまけ、翅や体を覆う鱗毛が焼け焦げて取れるまで熱い土と掻き混ぜる。この時、蛾を焦がさないように十分注意を払う。なぜならば彼らは蛾を焦がすと必ずひどい嵐が起こると信じているからである。その後、木の皮の入れ物に入れて、ゴミや、翅、脚などを吹き飛ばす。そしてそのまま食べるか、乾燥して粉にし、保存食とする。また、ワルブンとかクリブンと呼ばれる木製の器や石などの窪みに入れて、木片で突き崩してペースト状にして食べたりもする。この蛾は乾物重で六〇％以上の脂肪を含んでいて、これを焼くと甘味のあるナッツのような味がするといわれている。このようにしたものは保存できず、一週間ももたないが、これをいぶして燻製のようにするともっと長くもたせることができる。これを食べると、アボリジニーは初めひどく吐いたりして衰弱するが、じきに慣れてこの蛾をたくさん食べて丸々と太るといわれている。このブゴングガ採りは、毎年決まった時期に行なわれる年中行事になっている。

ブゴングガはアボリジニーが好んで食べるだけでなく、カラスの好物でもあり、しばしばカラスがアボリジニーが採った蛾を盗むということである。

(c)　アリ

アリは一つの巣の中に一匹の女王アリ、多数の働きアリ、雄アリがいるのが普通だが、ミツツボアリには、蜜を貯める仕事を担当する貯蔵タンクのような特殊な働きアリがいて、この貯蔵アリは働きアリが巣外から持ちかえる花などの蜜を口移しに受けとって呑み込み、腹部に貯め込む。そのためお腹はパンパンに膨れ上がって、まん丸くなる。大きなものは直径一センチメートルくらいになるという。このように膨れ上がると、環節をつないでいる環節間膜という薄い膜は伸びきり、背中側の黒くて厚い皮膚と交互して、三本の縞模様になる。アリはすばしこく動き回る昆虫だが、その脚はそんなに長くもなく、また丈夫でもない。それで、お腹が膨れ上がると、もう歩くこともできなくなる。それではこの貯蔵アリはどうしているかというと、巣の奥深いところに造られた比較的大きい部屋で、ただ天井にしがみついて、ぶらさがっているのである（図45）。これを蜜壺と称している。そしてその蜜は幼虫の餌として、また外から蜜が集められない時には働きアリの餌として、吐き出される。このような特殊な働きアリを持つアリはオーストラリアばかりでなく、北米にもいるが、全く属の異なる別の種類である。オーストラリア中部には何種類かのこのようなアリがいるが、最もポピュラーな種類

図45　多量の蜜を呑み込み，辛うじて天井にしがみついている貯蔵アリ。（ユララ・ビジターセンターのパネルより複写）

は *Camponotus inflatus* という種類である。このアリはマルガというアカシアの一種の茂みに巣を造り、この植物の針のような仮葉や花などから分泌される蜜を集める。このほか、カイガラムシやキジラミの分泌する甘露を集めるアリもいる。

この貯蔵アリの腹部を食いちぎると、初めはぴりっとした蟻酸の味がちょっとしてから、甘い蜜の味が口中に広がる。これはサトウキビの糖蜜のような味だそうである。この蜜にはブドウ糖、果糖、それにタンパク質が含まれている。このアリの蜜は、オーストラリア中央部の砂漠地帯では唯一の甘味であり、アボリジニーはこのアリの巣を見つけると、一本の棒を巧みに使って根気よく、自分の身の丈以上の穴を掘って貯蔵アリを捕まえる。これはだいたい年長の女の人の仕事のようである。しかし、この貯蔵アリの部屋を掘り当てても、巣を全部壊すことはしない。これが、その巣や種を保存することになるわけである。

アリの腹部を直接食いちぎる食べ方のほかに、この甘味を小麦粉を練って焼いた煎餅のようなものの味付けに使ったり、また飲み物を作るのに使ったりもしている。

ミツツボアリ以外のアリも食べられる。クイーンズランド州でごく普通に見られるツムギアリは頭と腹部が緑色で胸と脚が黄色い中型のアリで、木の上で枝や葉を綴って巣を造る（図30参照）。非常に攻撃的で、巣をいたずらすると向かってきて、立派な大顎で噛みつく。アボリジニーはこの巣を取って岩の上などで切り開き、成虫を追い出す。そして残った幼虫と蛹を集めて手のひらの間で転がして丸めて団子にし、そのまま食べる。蛹と一緒に成虫もこねて団子にすることもある。時にはつぶしたアリの塊を水で洗ってその水を飲むこともするそうである。この酸味のある飲み物は白人も好んで飲む清涼飲料となるということである。同様にして作った飲み物は医療用として、アボリジニーは胃腸病、頭痛、咳、風邪などの治療にも用いていた。ツムギアリばかりでなく、地方によっていろいろなアリが同様に食べられている。地面に巣を造るアリの成虫を捕まえるには、アリの巣の上に立ってアリが脚に這い登ってきたところを手ですくい取って、そのまま口に放り込んだりしているようである。なかには独特の芳香を持つ種類もあり、たとえばバターと砂糖を混ぜたような匂いのする種類もあるということである。

ニューサウスウェールズのアボリジニーの女は、アリの成虫を生で食べるのを好むといわれている。

(d) ハリナシバチ

アボリジニーが甘味料として利用しているもう一つの昆虫はハリナシバチ *Trigona* sp. という小さなミツバチのようなハチである。このハチの巣から蜜を採るのだが、そのハチの巣を見つける方法が日本で長野県や岐阜県で行なわれている蜂の子採りとよく似ていて興味がある。まず花に飛んできて蜜や花粉を集めているハチを捕まえる。捕まえたらそれに葉っぱの小片や花びらなどを植物のべたべたした汁でくっ付ける。ハチを放すと、ハチはそれを身に付けたまま巣に向かって飛んでいくが、余分なものを体につけているので速く飛べず、また葉っぱや花びらが目印になるので追跡が容易になる。巣は木の上の洞穴に造られているが、巣が見つかったら木ごと伐り倒してしまう。木が大きすぎる場合は、巣の下のあたりに穴を開け、そこに棒を差し込んでつついて巣の底に穴を開け、棒を伝わって流出してくる蜜を木の皮で作った入れ物に受ける。あるいは、洞穴の入口から枯草などを丸めたものをつっ込んで、蜜をしみ込ませてから引き上げるという方法もある。このようにして得られた蜜には、巣のかけらやハチの卵、幼虫、蛹、成虫や死骸などが混じっているが、アボリジニーはかまわず全部口に入れ、食べられないものを後で吐き出すということをする。この蜜にはハチのほかにも花粉などが混じっており、独特の風味があるといわれている。

(e)　その他の昆虫

クイーンズランド州北部では、カミキリムシの幼虫がご馳走とされている。多くは *Eurynassa australis* という種で、幼虫は枯れた樹に穿入している。この幼虫も採れたときはそのまま生で食べたり、熱い灰に投じて皮膚がこんがり焼けるくらいに焼いて食べたりする。オムレツのような味がして、とくにアカシアに穿入している幼虫はナッツのような香りがあるといわれている。またグラス・ツリーという樹に穿入する *Bardistus cibarius* という比較的小型のカミキリムシはバルディと呼ばれ、好んで食用にされるカミキリムシである。この幼虫が穿入すると、グラス・ツリーの梢が枯れる。そんな樹を蹴飛ばすと、樹が裂けたり、ぐらついたりするので、倒してハンマーで幹を砕いて幼虫を取り出す。幼虫は人の指くらいの大きさがある。

セミは成虫や羽化直前の幼虫が食べられている。ニューサウスウェールズ州で食べられているセミはガランガランと呼ばれている。

アブラムシ、カイガラムシ、キジラミなどの同翅目昆虫は一般に甘露（ハニー・デュー）と呼ばれる甘い分泌物を出す。これが乾燥するとマンナと呼ばれる白い塊になる。アボリジニーはユーカリに付くキジラミが分泌するマンナを甘味料として利用している。またアカシアに付くキジラミの幼虫も甘露を分泌するので、枝に付いている幼虫をしごき取り、水に漬けて甘い飲み物を作ったりもする。またアボリジニーの中には幼虫がたくさん付いている枝を口にくわえ、唇でしごき取って幼虫を食べる者もいるということである。それでこの幼虫が発生する時期になると、唇が傷だらけだったり、幼虫の色に染まっているアボリジニーを見かけることができるそうである。

血の木と呼ばれるユーカリの木には直径五センチメートルに及ぶ虫瘤を作るカイガラムシが付く。アボリジニーはこの虫瘤の中にいる虫を食べるということである。それは甘味があるといわれている。また、マルガという木にクルミ大の虫瘤を作る昆虫もいて、この虫瘤はマルガ・アップルと呼ばれ、中の虫とともに食用にされる。

多くの鱗翅目昆虫の幼虫、すなわちケムシやイモムシやそれらの蛹も食べられている。とくに樹に穿入しているボクトウガやコウモリガなどの幼虫はご馳走として好まれ、アボリジニーはそれらを鉤針のようなものを使って穿入口から引きずり出し、そのまま食べたり、おき火で焼いて食べたりしている。

このほかアボリジニーはケムシ、チョウ、ハチの幼虫、ゴキブリ、バッタ、シラミなどを食べている。しかし、バッタはたくさんいるのにそれほど利用されておらず、また北部には大きな巣を造るシロアリがいるが、アボリジニーはシロアリには関心がないようである。食用とはちょっと違うが、コガネムシの幼虫を人工乳首のように幼児のおしゃぶりにすることもあるそうである。

オセアニアの国ぐに、島じまはほぼ熱帯、亜熱帯にあり、昆虫食にとっては良い条件にあると思われるが、オーストラリアを除いてはあまり食虫に関する資料がない。ハワイのハワイ島（ビッグ・アイランド）では一八〇〇年代後半まで、大きなコオロギに似た昆虫が好んで食べられていたという記録があるが、この種は絶滅してしまったらしく、現在では見られない。たぶん、*Thaumatogryllus* 属のコオロギの一種ではないかといわれている。このコオロギを串刺しにして焼いて食べたようで、大きいのは数匹で一食分になったということである。

ニュージーランドではマオリ族がカミキリムシ幼虫を古くから食べている。食べられている種はニュージーランド最大のカミキリムシ *Prionoplus reticularis* の幼虫であろうといわれている。ニュージーランドにはコオロギに近い昆虫で、ジャイアント・ヴェダ *Deinacrida heracantha* と呼ばれる巨大なカマドウマがいる。重量では世界最大級で、七〇グラムに達し、大きさはイエネズミくらいある。食用にしたらかなり食べでがありそうであるが、残念ながら食べたという記録は見当たらない。昆虫そのものではないが、昆虫、とくにコガネムシに生える冬虫夏草もマオリ族の好物である。

バヌアツでは、ボクトウガやカミキリムシの幼虫など樹に穿孔する幼虫を取り出し、尾端を切り取ってからそのまま食べるという。大きな幼虫は太さ三センチメートル、長さ一〇センチメートルもあり、クリーミーな舌ざわりだという。

第七章　アメリカおよびヨーロッパの昆虫食

一、北米インディアンの昆虫食

北米でも食虫は古くから行なわれてきた。先住民族であるインディアンによるものと、近年台頭してきた新しい昆虫食運動によるものが柱となっている。

アメリカ・インディアンの食虫でよく知られているものは西部に住むインディアンの習俗である。カスケードやシエラネバダ山脈に住むインディアンはパンドラガ *Coloradia pandora lindseyi* と呼ばれるジェフリー松を食害するヤママユガ科幼虫を好んで食べる。この蛾は二〇〜三〇年周期で大発生する。一世代に二年を要し、したがって平時では一年おきにまとまった発生が見られる。カリフォルニア州に住むパイユート族（Paiute）はこの幼虫を食べることをたいへん好んでいる。パンドラガの老熟幼虫は六〜七センチメートルで、老熟すると土の中で

図46　パンドラガ幼虫（アメリカ昆虫学会の好意により Blake and Wagner, 1987, Bull. ESA より複写）

蛹になるため樹を下りる（図46）。この老熟幼虫をピアギ piagi とかピウガ piuga と呼んでいる。この時期に樹の周りに環状に掘った深さ二五〜四一センチメートル、幅六一センチメートルくらいの溝に落ちた幼虫を集める。溝は前に掘ったものを補修して使うことが多く、古くから使われているものには三〇〇〇年を経過したと思われるものもある。採集した幼虫の処理は付近の砂地に掘った穴の中で行なわれる。直径一メートルくらいの穴を掘り、その中で焚き火をする。薪が燃え尽きたらおき（熾）を取りのぞき、生きている幼虫を穴に入れ、焚き火で熱された熱い砂と混ぜ三〇〜六〇分ローストする。この幼虫を保存する時には、さらに二〜三日から二週間陰干しにし、とくにこの虫の保存用に作られた、丸太を組み合わせた粗末な小屋掛けの中に囲う。すぐに食べる場合はおよそ一時間真水または塩水で煮て、頭を取って食べる。このようにした幼虫はそれだけで食べたり、肉や野菜などと煮てシチューにして食べる。

ピアギはインディアンにとって貴重な食料であったので、採集する場所には家族グループによってなわばりがあり、どの樹からも勝手に採っていいというものではなかった。また樹の周りに掘られた溝は個人の財産とみなされ、代々母系によって相続された。

ピアギの採集法については、一九一二年に国立博物館のアルドリッチ博士が最初に報告した時、樹の下で焚火をしてその煙でいぶして幼虫を樹から落とす、あるいは樹から下りさせると紹介したため、また後年それをエッシグ博士が絵入りで紹介したため、この方法が多くの人に引用されているが、それは間違いで、アルドリッチ博士がその採集法を直接観察したのではなく、人を介してインディアンから聞いた話によるため、誤解したということを、のちにアルドリッチ博士自身が訂正の論文で述べている。実際は前述のように溝による採集を行なっていたわけであるが、現在でもいぶし法の方が広く信じられているようである。

カリフォルニア州シエラネバダ山脈の東側にあるアルカリ性のモノ湖の近くに住むインディアンは、ミギワバエの一種 *Hydropyrus hians* の蛹を食べる。このハエはモノ湖だけでなく、カリフォルニア州からネバダ州にかけて点在する湖に分布し、時に大発生すると、その蛹は岸に打ち上げられて幅九〇〜一二〇センチメートル、厚さ六〇センチメートルくらいの層を作り岸辺に帯状に延々と堆積する。インディアンはその蛹を日干しにし、ドングリ、ベリー、草の種子その他山から集めた食べられるものと混ぜて塊を作る。これをクーチャビー（kutsavi, couchaba）と称する。これを薄く切ってパンのように食べたという。蛹を虫自身の油でフライにして食べることもあった。また蛹を両手で揉むと、蛹殻が割れて、中から黄色い米粒のような蛹が出てくる。これをそのまま食べると、非常に脂肪に富み、味は悪くなかったという。

同じくカリフォルニア州ピット川地方に住むモドック族（Modoc）もクーチャビーという食物を作って食べるが、これの材料となる昆虫はミギワバエではなく、川に大発生するシギアブの一種の成虫だといわれていたが、カワゲラの一種である可能性もあり、種が特定できていない。この昆虫の雌成虫は初夏の産卵期になると、川の流れに突き出した柳の樹の枝に鈴なりになってとまる。インディアンは川下に丸太で堰を作り、早朝の寒さでこの昆虫の動きがにぶい時に、上流で川にはたき落とし、下流の堰で流れてくる昆虫を集める。この方法で一日に数十キログラムの昆虫を集めることができる。一方、地面に六〇センチメートル四方、深さ五〇〜六〇センチメートルの穴を掘り、石を二層に敷いてその上で焚火をする。火が消えた時、熱せられた石で穴の内側を覆い、その上に大きな葉や草を敷き、その上に昆虫を乗せ、さらに葉や草で覆い、またその上に熱い石を並べ、水を注いでからただちに土をかけて穴を埋める。このようにして昆虫が蒸されるのを待つ。熱が十分に行き渡った頃を見計らって土や葉っぱを取り除き、蒸された昆虫の塊が冷えたら取り出す。このようにして作られたクーチャビーは赤褐色をしていて、ヘッドチーズの固さをしている（ヘッドチーズはブタの頭のくず肉を香草と煮こんで、それに含まれるニカワ物質で固めたもの）。これをナイフで薄く切って食べたらしい。

また、やはりカリフォルニア州のディガー族（Digger）は、バッタが大発生した時に採って焼き、冬の食料としていた。また別の部族はバッタを採るのに草地に直径三〜三・五メートル、深さ一・二〜一・五メートルの穴を掘り、この穴の周り四〜五エーカーの範囲を囲んで棒で地面を叩き、バッタを穴に追い込むという方法をとっている。バッタのフルーツ・ケーキというものがあり、これは捕ったバッタを焼いて日干しにしてから粉砕し、このバッタ粉にベリーのジャムを混ぜ、天日で干して固めたものである。

ディガー族がアリを捕らえる時は、アリ塚に濡らした毛皮や新しい樹皮をかぶせ、アリがそれに集まってきたら袋に入れて死ぬまで待つ。死んだアリは天日で干して食べる。ミツツボアリ *Myrmecocystus* spp. と呼ばれる数種のアリの社会には、働きアリが集めてきた蜜を口移しに受け取って腹に貯めておくハニーポット（蜜壺）と呼ばれる貯蔵アリがいる。インディアンはこのアリの巣を掘って、ハニーポットを捕まえ、その腹に貯められた蜜を食べる。このようなハニーポットは一巣当たり約六〇〇頭いる。その蜜はツルボ属植物のジュースのような香りがあり、糖としてはほぼ純粋な果糖を含んでいて、吸湿性で、乾燥させても結晶せずにべたべたのガム状になる。一頭のハニーポットの重さは平均二・六五グラムで、そのうち蜜量は二・三七グラムであってアリそのものの重さは〇・二八グラムということになる。

カリフォルニア州からアリゾナ州にかけて住んでいるインディアンのなかには、オークの樹のカイガラムシが排出する甘露を食べ、カイガラムシの黄色いワックスをチューインガムのように嚙む習慣を持つものも知られている。ヨシ類のような水辺の草に寄生するモモコフキアブラムシ *Hyalopterus pruni* が分泌する甘露も食用の対象になっている。インディアンはこの甘露を集め、虫も一緒にこねて拳大の塊にして食べる。

モルモンクリケット *Anabrus simplex* と呼ばれるキリギリス科の無翅の昆虫もインディアンの食料の一つである。この虫は時として大発生して草地を集団で移動する。それを、溝を掘っておいて草に火を付け、溝に追い込んで捕らえる。この昆虫は二センチメートルくらいの大きさであるが、乾燥してから臼で挽いて粉にし、保存する。この粉をパンを焼く時に加えて、黒いパンを作って食べる。あるいはスープに入れて食べることもあり、乾燥した鹿肉のような味だという。

カナダではドグリーブ族（Dogrib）がトナカイに寄生するウシバエの一種の幼虫を食べる。このハエは卵をトナカイの足に産み付ける。卵から孵った幼虫は、トナカイの皮膚を食い破って体内に入り、あちこち移動して最後に皮下に定着し、その部分の皮膚を膨らませる。この時期に、インディアンはにきびを押し出すように皮下から幼虫を押し出して捕まえ、生きたまま食べる。これはラズベリーに似た味がするという。しかし、ウシバエ類の幼虫を生きたまま吞み込むとヒトの消化管に寄生することもあるというので、丸吞みせず、生きたままで食べるにしてもよく嚙んで吞み込む前に殺しておく必要があろう。

イヌイット（エスキモー）が住んでいるような寒い所では昆虫は非常に少ないと思われるが、それでも彼らはノミをうまいものとして賞味するというし、夏にはチョウで食膳を飾るという。イヌイットもトナカイに寄生するウシバエの一種の幼虫や蛹を食べる。何しろ捕らえた動物は無駄なく利用するので、セイウチなどの海獣を捕らえた時はその内臓などはもちろんのこと、鰭などに寄生しているケモノジラミまで食べるという。

このほか、北米のインディアンには、アリ類を生で食べたり、料理して食べたりしている部族が多い。またハチの幼虫や蛹もよく食べられているし、ジュウシチネンゼミなどのセミ類、トンボ幼虫、バッタ類、水生の甲虫類、野生ミツバチの蜜、タガメ卵、カミキリムシ幼虫、ハチ幼虫などを食べることが知られている。冬に草地に無数に発生するガガンボの幼虫を採って食べる部族もいる。

二、高まる昆虫食への関心

北米文化社会における食虫では、古くは一八五五年にユタ州とダコタ州でバッタが大発生してあらゆる作物を食べ尽くしてしまった時、人びとはバッタを食べて飢えをしのいだという記録がある。

二〇世紀の初め頃から、アメリカの昆虫学者の中には昆虫を食用にできないものかと何種類かの昆虫を試食したり、食べ方を工夫したりしている人がいた。たとえば、農務省のホーワード博士はかつてコフキコガネの試食を行ない、カリカリにバターで揚げたコガネムシの卵はベーコンに似た味がして美味であり、またバターで揚げたコガネムシ幼虫のサンドイッチは脂肪分が多く、味も良好であったという。

昆虫は小さいので一般に食べるだけ集めるのが大変であるが、一七年ごとに大発生するいわゆるジュウシチネンゼミ *Magicicada* は大発生時には簡単に大量に集めることができる。そこでこのセミが大発生すると、新聞などにセミの食べ方が掲載されたりする。たとえば、ウースターソースに少なくとも一時間漬け、卵をつけ小麦粉またはパン粉をまぶして揚げて、醬油かカクテルソースを付けて食べる。セミをアルミホイルで包み、一〇七℃のオーブンで一〇〜一五分ローストし、粗く砕いてナッツの代わりにパンやアイスクリームに入れる。セミをニンニク、ショウガ、野菜の小片と一緒に油で炒めるなどがある。セミの味はカシューナッツに似ているといわれている。

ジュウシチネンゼミに限らず、「虫を食べよう」運動は地道に続けられており、最近では関心も高まってきて、多くの食虫に関する催事が行なわれるようになった。一九九二年五月には伝統あるニューヨーク昆虫学会の創立百周年記念大会の折、昆虫食によるディナー・パーティが催され、チャイロコメノゴミムシダマシ幼虫、ハチノスツヅリガ幼虫、イエコオロギ、タイワンタガメなどを材料とする各種の料理が出された。テレビのほか多くの新聞、雑誌などのマスコミが取材に集まり、各地で報道されたという。この影響もあってか、最近は合衆国、カナダ各地でステート・フェア、博物館や動物園の催し物、昆虫または博物関連学会の大会の際などによく昆虫の試食会が行なわれるようになった。メリーランド州のステート・フェアでの昆虫試食会では、コオロギ料理に良い香りを付与するために、材料のコオロギにリンゴを食べさせて飼育し、凍結させて殺し、オーブンで焼いて、タマネギのみじん切りと一緒にバターで炒めた料理が好評だった。変わった試食会としては、「モスキート・クック・オフ」と銘打った蚊の料理法コンテストが、一九九四年にアーカンソー州コーレイズリッジ州立公園で催された。これは、もともとこの公園には蚊が多いと観光客からの苦情が絶えなかったため、それを逆手にとって、蚊寄せ世界チャンピオンシップ・コンテストを開いた時の一つの企画であった。このコンテストで入賞したのはクリフォードさんの「モスキート・クッキー」のレシピであった。それによると、蚊を軽く押しつぶして飛べないようにしておき、それに砂糖とシロップをかけて茹でる。その塊を乾燥し、小片に切って普通のクッキー粉に加えて焼くというもので、味は良好であったが、蚊の味は全く感じられなかったという。

合衆国ではこのように昆虫食に対する関心は高まりつつあるが、利用されている昆虫種は限られている。そこで外国からもいろいろな昆虫食品を輸入している。日本からも、戦後長野県の戸隠、飯縄高原で採集されたアカヤマアリを、東京でチョコレート加工して、「チョコアンリ」と称して合衆国に輸出していたことがある。一九七五年頃合衆国が輸入していた昆虫食品にはアリのチョコレート包み、アリのから揚げ、イモムシのチョコレート包み、ミツバチ幼虫のチョコレート包み、ミツバチ幼虫のフライ、バッタのチョコレート包み、バッタのフライ、リュウゼツランの白い虫（セセリチョウ幼虫）のフライ、カイコガ蛹のフライ、ゲンゴロウ、などがある。これら昆虫食品の大部分は缶詰として輸入販売されていた。

最近の輸入品目には日本からのアリ、カイコガ蛹の缶詰、メキシコからのリュウゼツランのイモムシの缶詰、カナダからのミツバチ幼虫のフライの缶詰、産地不明のバッタのフライなどがある。

食品輸入となると、食品医薬品局の連邦食品・医薬品・化粧品条令の取り締まりの対象となる。有名なメキシコ産のリキュール、虫入りメスカル（「四　メキシコの多彩な昆食虫とレストラン料理」の項を参照）を輸入する時には、酒の中に入れられた「リュウゼツランの赤い虫」が混入物とみなされ、条令違反で輸入を差し止められそうになったが、吟味の末、意図的に入れたものので製品の一部であると認められ、やっと輸入が許可になったということである。

合衆国独自の昆虫食品もないわけではない。カリフォルニア州のリーズ・ファイナー・フーズ社は一九六〇年代には昆虫食品を生産していた。その品目の中には、アリ、ミツバチ、イモムシ、バッタなどをチョコレートで包んだもの、南米コロンビア産のミツバチくらいの大きさがあるアリのフレンチフライ、その他バッタ、ミツバチ、カイコガなどの加工品があった。一時はかなりの需要があったというが、一九六九年に連邦絶滅危惧種保護条令が発効したことと、当時台頭してきた自然保護の過激団体の活動のあおりで材料の昆虫の入手が困難になり、生産を中止したということである。昆虫をチョコレートで包んで食べることはこのリーズ社が開発した食べ方だということである。

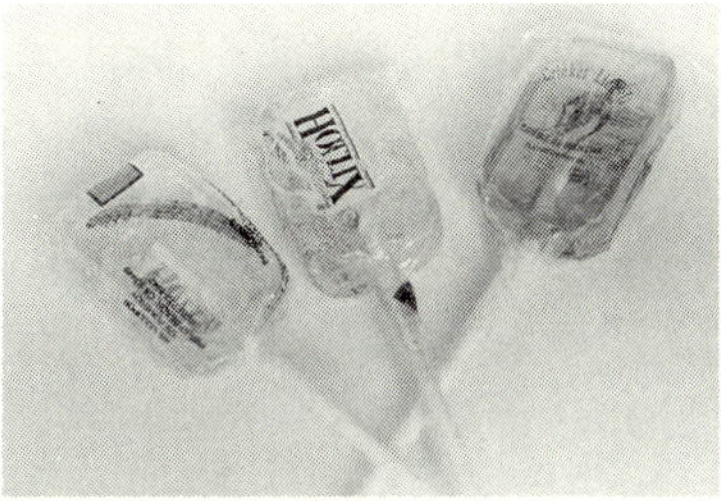

図47　アメリカのホット・リックス社から発売されているチャイロコメノゴミムシダマシ幼虫入りキャンディ（左）とコオロギ入りキャンディ（右）

最近ではやはりカリフォルニア州にあるホット・リックス社が、昆虫入りのキャンディを作っている。初めに作られたのは棒付きで無色透明なガラス状の平べったい飴（ロリーポップ）で、日本のべっこう飴のようなものである。その中に虫が一匹埋め込まれている。「テキーラ風味キャンディ」というのがこの飴の名称である。その名前からして前述のメキシコの虫入り酒、メスカル（テキーラはメスカルの一種）をイメージしていると思われるが、中に入っている虫はメスカルの「リュウゼツランの赤い虫」ではなく、なんとチャイロコ

図48　アメリカのホット・リックス社から発売されているラーベッツ（写真では見えないが幼虫は透明なセロファンの小袋に入っている）

メノゴミムシダマシの幼虫であった（図47）。この飴自体は砂糖を使っていないと書いてあったが、普通の飴と同じように甘く、しゃぶっているうちに徐々に中の虫が露出してくる仕掛けになっている。虫自体には味は感じられなかった。この飴は日本にも輸入され、ひと頃どういうわけか女子高生の間でたいへん人気があった。この会社はその後同様な飴でゴミムシダマシの代わりにコオロギを入れたペパーミント味の「クリケット・リック・イット」というグリーンの飴も発売している（図47）。似たような製品でゴキブリを入れた飴の写真を見たことがあるが、それはこの会社の製品ではないと思う。飴のほか、スナックとして「ラーベッツ」と称する五センチメートルくらいの細いイモムシのから揚げが販売されている。この虫は「リュウゼツランの赤い虫」に似ているが種は特定できなかった（図48）。から揚げにしてそれぞれバーベキュー味、チェダーチーズ味、メキシカンスパイス味を付けたものの三種類がある。二〇～三〇匹（一・四グラム）をセロファンの小さな袋に入れて売っている。虫そのものの味はほとんどなく、軽くて小エビのから揚げといったところである。エビでもそうであるが、食べた後クチクラ（皮）の小片が喉の入口に張りついて残ったりする。

三、昆虫の宝庫、中・南米では

中・南米のかなりの部分は熱帯、亜熱帯に属するため、昆虫相も多様で、個体数も多く、昆虫食には適した地域と思われる。実際、次項で述べるようにメキシコでは古くからいろいろな昆虫が食べられており、食虫習俗は原住民のメキシコのインディオのみならず、後からメキシコに入った人たち、現在の都会生活にまで入り込んでいるように思われる。しかし、メキシコ以外の国では、意外と食虫に関する情報がないのも事実である。南米は広大なアマゾン川流域の原始林を持っており、昆虫も豊富なはずであるが、その地のインディオについても食虫の習慣、食用にしている昆虫などの資料はなかなか見つからない。

メキシコ以外の中米では、コスタリカでココナッツに付くゾウムシの幼虫がソテーにされて食されている。幼虫は親指くらいの太さということであるので、たぶんヤシオオサゾウムシの一種 *Rhynchophorus palmarum* であろうと思われる。エル・サルバドルには食虫の伝統はないが、それでも原住民や農民はたまにバッタやセミを捕らえて食べるということである。

南米のアマゾン川流域ではハキリアリが広く食用にされている。ハキリアリは高さ九〇センチメートルくらいのアリ塚を作る。原住民はこのアリを捕らえて、ビン状の籠に入れておき、朝食の際、這い上がってくるアリを捕まえて腹部を食いちぎって食べる。トウガラシで作ったツクピーと呼ばれるソースの中に入れて煮て食べたりもする。南米奥地の町では、有翅のハキリアリを捕まえてローストしたものを袋に入れ、映画館で売っていたことがあるという。観客はこれを買ってポップコーンと同様にぽりぽり食べながら映画を鑑賞したらしい。ブラジルではカヤポ・インディオが各種の野生ミツバチを使った養蜂を行なっている。そのなかには普通養蜂に用いられているセイヨウミツバチと同種のハチもいるが、小型で毒針のないいわゆるハリナシバチ類も何種類か利用されている。蜜ばかりでなく幼虫や蛹が食用にされる種もある。野生のハチの巣を採ることも行なわれ、攻撃的なハチに対しては、巣を煙でいぶしてハチを追い出してから巣を採る。彼らが利用しているハチの種類は六六種に及ぶといわれている。アマゾン川の支流タパホスの原住民はハキリアリを食べる時は、いつもタピオカ製のソースをかけて食べるという。リオ・ネグロでもこのアリは原住民にはご馳走として歓迎されている。アマゾン上流地域に住むインディオたちはトンボの幼虫ヤゴを見つけしだい食べている。

パラグアイではハキリアリの腹をバターで炒めるか、ローストしてシロップをかけて食べるという。またヤシオサゾウムシ幼虫も食べている。

ギアナの原住民はハキリアリを好んで食べるという。

ベネズエラのペモン・インディオ、ヤノマミ・インディオ、その他アマゾン川上流のインディオはシロアリを食べることが知られている。またこれらのインディオは家の周辺に植えてある木に発生するトゲのあるカメムシを食べる。このカメムシのトゲは刺さると痛いが、まだ虫が若くてやわらかい時期に、土鍋で焼いて食べるのだそうである。オリノコ川の上流で、ベネズエラとコロンビアの国境にあるサンフェルナンド・デ・アタバポという所では、ユカイモの絞り汁にトウガラシと塩を混ぜたソースに酸味を付けるためにオレンジ色のアリを入れる。このソースは肉や魚にかけて食べる。原始的なインディオたちは、アリを食べて塩分を補給しているという。またインディオたちは獣が捕れない時は、ケムシの黒焼きから脂肪分を摂っているという。

ベネズエラとコロンビアの国境地帯に住むユクパまたはヨコと呼ばれるインディオは、各種の昆虫を食料としている。まず数種のバッタ *Orphulella* spp., *Aidemona azteca*, *Osmilia flavolineata*, *O.* spp., *Tropidacris latreillei*, *Schistocerca* spp., *Conocephalus angustifrons* などが食べられている。バッタを捕らえる時は、しばしば丘の上に女、子どもを待機させ、男たちが谷あいに散って草に火を付け、バッタを上の方に追い上げる。バッタが逃げてくると女、子どもはそれを捕まえてバスケットに入れ、持ち帰って大きな葉に包んで焼いたり、串に刺してロ−ストしたりして副食物とする。最も好まれているのは *T. latreillei* である。このような大がかりなバッタ狩りのほか、日常的に畑作物を食害するバッタを捕らえて食べる。

甲虫類はあまり食べられていない。その中で最も大型な甲虫はカブトムシの一種 *Podischnus agenor* である。成虫はトウモロコシ畑やサトウキビ畑で見つかる。成虫を食べる時は、脚、翅、頭、胸を取り、腹部だけにして串を刺して炙って食べる。子どもたちはこのカブトムシを生で食べることを好む。幼虫は有機質の多い土中にいるが、人びとはこれも掘り上げて食べる。甲虫で最もしばしば食べられているものはゾウムシの一種（たぶん *Caryobruchus scheelaea*）である。このゾウムシの幼虫は、熱い低地に生えるクルクストロヤシのナッツにだけ寄生しているので、高地に住む人びとはこの虫を捕るためにわざわざ遠路を旅する。その幼虫は葉っぱに包んだり、串に刺したりして焼いて食べる。このほかトウモロコシに付く小型のゾウムシ *Anthonomus* spp. が畑から採集されて、やはり葉っぱに包んで焼いて食べられている。

日本の孫太郎虫に近いヘビトンボ *Corydalus* spp. の幼虫も食べられている。成虫は翅を広げると一五センチメートルに達する大型種である。幼虫が主として食用の対象になるが、孫太郎虫のように川の浅瀬で石がごろごろしているような所に住んでいる。成虫も食べる時があるが、その時は頭と翅と脚を取り除いて軽く焼いて食べる。同じくカワムシの仲間であるトビケラの

一種 *Leptonema* spp. も食べられている。日本のザザムシと同じように川の浅瀬にいる。これを捕らえて葉っぱに包んで焼いて食べる。

ケムシ、イモムシの類も食べられているが、主として畑作物の害虫が対象で、畑を見回った時に捕らえた幼虫を食べる程度である。種類は日本のハスモンヨトウに近い *Laphygma frugiperda* やウワバの類の *Mocis repanda* などのヤガ科の昆虫が主である。成虫の蛾は食べない。

双翅目昆虫ではミズアブの一種 *Chrysochlorina* spp. の幼虫が食べられている。この幼虫は流れが止まった死水の池に発生する。一〇〜一五匹を集めて葉っぱに包み、焼いて食べる。

ハチ、アリの類はいろいろな種が食べられている。アリではハキリアリ *Atta* spp. が最もポピュラーな食用昆虫で、雨季の初めの五月頃に採集される。このアリを捕らえるには、サバンナに造られたアリの巣の周囲に堀を作る。この堀はじきに雨水で満たされる。次にアリの巣の出入り口を壊し、堀の水が地下の巣の中に流れ込むようにする。水の流入に驚いたアリは塊となって出てきて堀に浮かぶ。その中から卵を持った大型の雌アリだけを拾い上げる。このアリ一握りくらいを葉っぱに包んで焼くか、とくに大きなアリは串に刺して焼く。いずれの場合も腹部だけを食べる。時には生きているアリを食べることもあるが、その時は頭をつぶして殺し、腹部だけを食いちぎる。

社会性のハチ類の幼虫も食べられている。しかし、ある種は食べることが禁じられている。たとえば、トックリバチの一種 *Eumenes canaliculata* の幼虫を食べると失明すると信じられている。アシナガバチ類 *Polistes* もユクパにより食されている。食べられている主な種は *Polistes pacificas*, *P. canadensis*, *P. vesicolor* である。アシナガバチと似たような巣を造る *Mischocyttarus* spp. や *Polybia ignobilis* も食べられている。これらのハチの巣を採る時は、焚火をし、樹の枝に付いた巣を棒で叩き落とし、巣を焚火に投入して成虫を追い払う。巣が軽く焼けたら取り出して持ち帰る。中の軽く焼けた幼虫をそのまま食べるか、多量に採れた時は数日保存する。ユクパは二種のハリナシバチ *Trigoma clavipes* と *T. trinidadensis* の蜜を珍重している。このハチの巣は樹のうろなどに造られる。巣が見つかると蜜と花粉を採取し、巣は焚火に投じて軽く焼き幼虫を殺して食べる。社会生活をしない狩人バチも食用の対象になっている。たとえば、クモを狩る *Auplopus* spp., ジガバチの仲間の *Pison* spp. などがある。

コロンビアのバウペス地方のヤプ村に住むツカノアン・インディオの一族タトゥジョ族はいろいろな昆虫を食べている。その中でヤシオサゾウムシは最も重要な食用昆虫で、その幼虫を捕らえるためにわざわざヤシの樹を伐って放置しておいたりする。その他の木材穿孔性の甲虫、たとえばタマムシ *Euchroma gigantea*, カミキリムシ *Acrocinus longiomanus*, コガネムシ *Megaceras crassum*, クロツヤムシなどの幼虫が食べられているし、また成虫を食べることもある。アリ食はコロンビアの建国以前からインディオによって行なわれていた古い習慣である。主として *Atta* 属のハキリアリ数種が食用とされる。このハキリアリの巣の大きなものは延長一〇〇メートルに及び、その中には五〇〇万匹のアリがいるといわれる。このようなアリ塚は個人の財産とみなされ、また食用のためのアリの飼育も行なわれていた。多くは有翅のアリが出現して結婚飛行に飛び立つ時に捕らえるが、兵アリを捕らえる時はチンパンジーがするように巣穴に草の芯などを差し入れ、付いてくるものを捕まえる。結婚飛行に飛び立つ有翅の雌も捕まえて食べる。食べられている種は *A. cephalotes*, *A. laevigata*, *A. sexdens* などである。*A. sexdens* の巣には約五〇〇〇の女王アリがいる。一頭〇・六グラムなので、一つの巣に三キログラムの女王アリがいることになる。また彼らはアシナガバチ類の巣を採って幼虫を食べる。採集される種は *Apoia thorocica*, *Polybia rejecta*, *Stelopolybia angulata* などである。これらのハチの巣はたいへん大きく、樹の上高くに造られている。数種のシロアリ *Syntermes parallelus*, *S. synderi*, *Macrotermes* sp. も採集され食べられている。とくに *Syntermes* 類は最も重要な食用昆虫となっている。ケムシ、イモムシ類では種名は不明であるが、ヤママユガ科、シャチホコガ科、ヤガ科、カレハガ科、セセリチョウ科の幼虫が食べられている。ヤプ村では、男はヤシオサゾウムシやハチの巣を採集する際に樹を伐ったりすることに従事するだけで、他の昆虫はもっぱら女によって集められる。

ペルーのアンデスでは、カイコガに似た蛾の幼虫が食べられていて、ご馳走になっている。スズメガの幼虫も食べられており、その味はやわらかい小エビのようだといわれている。バッタは南米でもよく食べられており、昔チリのインディオはバッタから一種のパンを作っていたという。

チリやペルーではナガドロムシという水生の甲虫をペーストにして「チチ」というスープに入れて食べる。ヤシオサゾウムシの幼虫も食べられているが、この地域のヤシオサゾウムシの幼虫には二〇センチメートルを超すものもあるという。このほか、シラミ、ミツツボアリ、ハチの幼虫、コガネムシなどが食べられている。

昆虫ではないが、ヤノマミ・インディオのワイカ族は巨大なクモ、タランチュラを焼いて食べる。脚には白い肉が詰まっていて、カニに似た味でうまいという。

四、メキシコの多彩な昆虫食とレストラン料理

メキシコは世界有数の昆虫食国である。首都のメキシコシティにある国立自治大学付属生物学研究所の女性研究者ラモス・エロルデュイ教授は、長年メキシコで食用にされてきた昆虫の種類、食べ方、栄養価など、昆虫食を多角的に研究している。その食用昆虫の標本を見せても

らったことがあるが、その数の多さに驚かされた。彼女によると食用の対象となっている昆虫は三〇三種だが、調査はまだ完了していないので、今後もっと増えるという話であった。これらの昆虫の中には食べてしまうにはもったいないような大型、美麗昆虫も含まれていた。このようにメキシコの食用昆虫はバラエティに富んで数も多いが、その大部分は原住民であるメキシコ・インディオによって消費されるものである。それらの中には大量に採れて売りに出されるものも、たまたま採れたら食べるというものも含まれている。これらの昆虫食はメキシコ・インディオの歴史とともに古くから行なわれていたものに違いないが、その中で比較的現代人の口に合ったものがグルメ化され、レストランのメニューにものぼるようになっている。次にそのような都会のリファインされた食品としての昆虫のいくつかを解説し、あわせて民族的食品としての昆虫についても触れる。

(a)　テキーラの虫

テキーラはメキシコの代表的なお酒である。リュウゼツランから作るプルケという濁酒のような酒を蒸溜して作る。メキシコ中部のオアハカ市周辺で作られるものはメスカルと呼ばれ、酒の中にイモムシが入っているものがある（図49）。大きなボトルには大きなイモムシ一匹、小さなボトルには小さなイモムシ一匹が入っている。これは虫を酒に漬けて虫から香りとか、

図49　オアハカのメスカル。底に沈んでいるのがリュウゼツランの赤い虫。ビンの首にトウガラシ塩の小袋がついている。

味とか、あるいはその他の物質を抽出しようという訳ではなく、アルコールの濃度が規定どおり（約四〇％）あるという証拠のために入れているのである。昆虫、とくにイモムシやケムシなどチョウや蛾の幼虫は水分含量が多くて腐りやすいので、それが腐らずに保たれているということはアルコールが十分含まれていることの証となるわけである。

このメスカルに入れる虫は何でもいいというわけではなく、種が決まっている。それはメスカルを作るもとの植物、リュウゼツランに付くイモムシなのだ。ボクトウガの一種 *Cossus redtenbachi* の幼虫で、生きている時は紫紅色をしているので、「リュウゼツランの赤い虫」(gusano rosado del maguey) と呼ばれている。しかしメスカルの中にいる虫は真っ白である。これは虫の色素がアルコールで抽出されてしまったからである。リュウゼツランの葉はぶ厚く、多量の葉肉を持っている。幼虫はその葉肉に食入して葉の中にトンネル状に孔を開けて、中から食害する。リュウゼツランの葉は大きいので、一枚の葉に何匹も入っていることも珍しくない。

この「赤い虫」はメスカルに入れるだけでなく、炒めて酒の肴にしたりもする。オアハカ市のメルカードと呼ばれる常設市場、あるいは周辺の村に毎週決まった曜日に立つティアンギスと呼ばれる青空市場では、生きている「赤い虫」を売っている。女の子がこの虫をたくさんボウルなどに入れ、スパイスとして塩とトウガラシ粉を混ぜたものを添えて売り歩いているのに出会うことがある。結構な値段で、一匹七円くらいの勘定になる（一九九五年）。ちなみにメスカルは塩とトウガラシ粉を混ぜたものを舐めながらストレートで飲むのが普通なので、メスカルのビンにもこれが付いているものがある。

(b) 高級昆虫料理

メキシコシティなどの都会のレストランでは、昆虫料理を出す所があり、大衆的な、あるいは地方色を売り物にしたレストランばかりでなく、高級レストランでも昆虫料理を出す所がある。表2はメキシコシティ近くのテスココ市にある中級レストランのメニューであるが、都会のレストランで出される昆虫料理の素材は、リュウゼツランに付く「赤い虫」と「白い虫」、アリが主体のようである（一九九五年）。料理法は一通りではなく、同一種について、二〜三種類の料理法があるようである。値段は高く、たぶん材料を集めるのが大変なのと、注文する人があまり多くないためと思われるが、ビフテキより高くつく。それがまたグルメ料理である所

表2　メキシコのレストランのメニュー
レストラン・バー LA CAVA DEL LEON（ライオンの穴）

当店特別料理	
アリ幼虫のフライおよびホウレンソウ煮	1,260円
ビルバニア風アリ幼虫料理（アリ幼虫の唐辛子入りオリーブオイル揚げ）	1,260円
アリ幼虫ハーブ煮	1,260円
アリ幼虫バター炒め	1,260円
ボクトウガ幼虫の土鍋オルドン	1,260円
ボクトウガ幼虫の石器料理　赤または緑の（トマトまたはピーマンの）ソースつき	1,260円
リュウゼツランの白い虫，ビルバニア風（唐辛子入りオリーブオイル揚げ）	1,260円
リュウゼツランの白い虫のバター炒め	1,260円
リュウゼツランの白い虫の土鍋料理（ハーブ煮）	1,260円
リュウゼツランの白い虫石器料理，トマトまたはピーマンのソースつき	1,260円
スープ	
骨髄スープ	460円
雛鳥コンソメ	200円
オニオン・スープ	220円
にんにくスープ	220円
アステカ風スープ	240円
羊肉のコンソメ	150円
オムレツ・スープ	280円
きのこクリーム	240円
ライス	160円
スパゲッティ	520円
肉料理	
焼肉とジャガイモまたはピーマン	520円
ミラノ風ステーキとジャガイモ	520円
ヒレ肉きのこソースあえ	840円
馬のヒレ肉	840円
鳥肉	
鳥肉のフライ，ジャガイモつき	520円
鳥の胸肉，チーズ・ソースつき	600円
鳥の胸肉のミートパイ，ジャガイモつき	520円
鳥肉の網焼き	520円

以であろう。レストランによってはまだ動いている虫を持ってきて、客の目の前で土鍋で炒めたりしてくれるところもある。

「リュウゼツランの赤い虫」　このリュウゼツランに付くボクトウガの幼虫は、大きなものでも三〜四センチメートルくらいで、濃い赤紫色をしている。尾端に角質化した短い突起を持っているのが特徴である。これを水で洗って、調味料を加えて炒める（図50）。調味料としてはコショウ、コンソメ、ウースターソース、醬油などが用いられていた。醬油は今や世界的な調味料となっており、メキシコでも普及している。

図50　リュウゼツランの赤い虫の土鍋炒め。コショウ，コンソメ，醬油，ウースターソースで風味を出す。テスココのレストラン，ラ・カヴァ・デル・レオンにて。

加熱された幼虫は膨れ上がって、五センチメートルくらいになる。虫特有の香りとか、味は感じられず、用いた調味料の味となる。メキシコ料理にはたいていトルティージャと呼ばれるトウモロコシ粉を練って薄く延ばして焼いたクレープのようなものが付いてくるが、それに包んで食べる。要するに虫入りタコスというわけである。

「リュウゼツランの白い虫」　これはリュウゼツラン

図51　リュウゼツランの白い虫の油炒め。ブロッコリー，ズッキーニ，ニンジンが付け合わせについている。キーウィー入りディップ（写真左上）が添えられ，これを付けて食べる。メキシコシティのレストラン，エンリケにて。

につく *Aegiale hesperiaris* という大型のセセリチョウの幼虫である。白いので「リュウゼツランの白い虫」(gusano blanco de maguey) と呼ばれている。成虫はアカタテハくらいの大きさのチョウである。幼虫も大きく、大きさ・形などカイコガ幼虫によく似ている。この幼虫もリュウゼツランの葉の髄に食入してトンネル状に食害する。これもやはり調味料とスパイスを加えて炒める。あらかじめ絶食させておくのか、腸内の食下物はほとんどないようで気にならない。炒めた虫には茹でたブロッコリー、ズッキーニ、ニンジンなどの野菜を付け合わせ、また独特の辛いディップを添えて供される（図51）。このディップを付けて食べたり、付け合わせの野菜と一緒にトルティージャに包んで食べたりする。

アリ　レストランで料理に使われるアリはかなり大型のアリで *Liometopum apiculatum* と思われる。幼虫と蛹の混じったもので、エスカモーレスと呼ばれている。これも油で炒めて食べるのが普通のようである。調理されたアリは日本の蜂の子と似ており、食味もねっとりとして少し甘味がある。アリは小さなトーストやハッカダイコンを盛り合わせて供される（図52）。このアリもトルティージャなどに包んで食べる。

これらの料理に使う昆虫は生きているものを使っているようで、したがって種によってはいつでもあるというわけではなく、シーズンがある。シーズン中でもいつも生きた虫を確保しておくのは大変だと思う。生かしておくには餌をやらねばならず、餌をやれば育って脱皮、変態し、幼虫は蛹となり、成虫となって料理に向かなくなるからである。

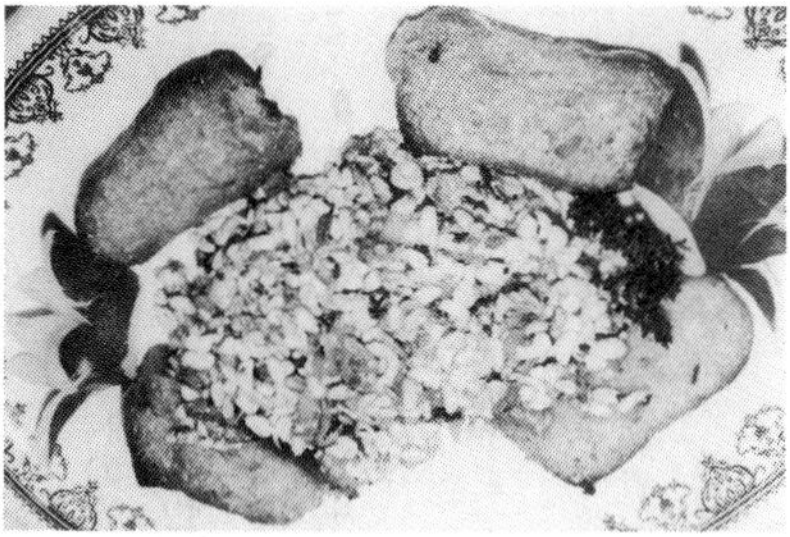

図52　エスカモーレス（アリ）の炒めもの。真ん中の白いものがアリの幼虫。四隅にあるのは小さなトースト。メキシコシティのレストラン，エンリケにて。

レストランで昆虫料理を注文する客がどのくらいいるのかわからないが、そんなに多くはないようである。そのため値段が高くなると思われる。筆者が行ったテスココ市のレストランでは、数日前に日本人のグループがバスで乗り付けて昆虫料理を注文し、キッチンに入ってきて料理するところを見ていったと言っていた。どういうグループかわからないが、どうやってそのレストランを知ったのであろうか。またわざわざ虫料理を食べるためにメキシコまで来たのであろうか。

(c) メルカードの昆虫食品

どこの町にも大小の常設市場であるメルカードがあり、食料専門のメルカード、日用品専門のメルカード、何でも売っているメルカードなどがある。食料専門のメルカードをのぞいてみると、地方色豊かな食品が売られていて、見るだけでも面白い。日本では見られないものでは、たとえばサボテンの実、サボテンの葉、黒穂病にかかったトウモロコシ、豚の皮を揚げたものなど、ちょっと見渡しただけでもずいぶんありそうである。その一つが食用昆虫というわけである。

バッタ　バッタを佃煮にしたようなものを売っている。とくにオアハカ市とその周辺に多いように思う。バッタの種類はオンブバッタに近縁で、中南米特有のもののようである。上から見ると菱形のバッタである。大小あって小さいのは幼虫も混じっているようである。大きいものはチャプリン、小さい方はチャプリヌスと呼ばれている。一種類のバッタではなく、チャプリンは *Melanoplus femurrubrum*, *M. mexicanus*, チャプリヌスは *Sphenarium histrio*, *S. purpurascens*, *S. magnum* などが代表的な種である。佃煮のように調理したものを売っているのだが、日本のイナゴの佃煮とは違い、飴状の糖でからめてない。赤紫色をしており、わりにさらさらしている。独特の匂いがあるが、これは調理に使ったスパイスの匂いのようである。

これを山のように積み上げて、缶詰の空き缶とかコップですくって一杯いくらという売り方をしている（図53）。このバッタの山の近くを通ると、スパイスの匂いがただよっている。この匂いは客寄せにもなるのかもしれない。通りがかりの人に差し出して味見をさせたりしている。そのままポリポリと食べられるが、味は塩気と酸味があり、辛くはない。そして複雑なスパイスの味がする。このバッタを大量に集めるためには、草原を大きな枠に張った布の網ですくって歩き、幼虫も成虫も一緒に集めるのである。

ミズムシ　これは水生の異翅目昆虫の成虫で、日本のミズムシとかマツモムシに近い昆虫である。カメムシに近い昆虫なので少し匂いがある。メキシコではこの種の昆虫が湖や池に大量に発生するらしく、これを網ですくい採って乾燥したものをメルカードなどで売っているのである（図54）。大部分は体も崩れ、頭、胸、腹、脚などがばらばらになっていて、一見何かの粉の

図53　メルカードで売っている味付けバッタ。手前の大きな籠に入っているのがチャプリン，その左の小さい籠がチャプリヌス。オアハカ市郊外テオティトランのティアンギスにて。

図54　乾燥したミズムシの山。テスココのメルカードにて。

ように見える。この食品は生きている時の虫の匂いというより、昆虫標本の匂い、すなわち昆虫の死臭の方が強く感じられる。食べる時は搗き崩したり、すりつぶしたりして、トウモロコシ粉とか小麦粉に混ぜて焼き、トルティージャのようにしたり、鶏卵に混ぜて卵焼きにしたりして食べる。トルティージャにはタンパク質が少ないので、動物タンパク質を補給するわけである。メキシコ料理には植物の葉や実などをすりつぶして使うものが多いようで、ティアンギスなどでは、昔日本で漢方薬の調合に使っていた薬研《やげん》のようなものを売っている。

アウアトレ　これは前出のミズムシの卵のことである。ミズムシの多い湖や池にホウキグサのように茎が密生した枝を束ねて沈めておくと、それにミズムシが卵を産みつける。産地としてはテスココ湖が有名である。卵は直径一ミリメートル弱で小さく、産卵の際に卵巣の付属腺から分泌される粘着物質で枝にくっついている。ちょうど数の子昆布のような状態である。これを引き上げて乾燥し、地面に広げた布などの上で叩くと、卵が落ちる。これを集めたものが食品として売られているのである。少し青みがかった灰色で、一見砂のように見える。これを料理する時は、すりつぶしてミズムシ粉と同じように粉に混ぜて焼くか、卵焼きに入れるかあるいはスープに入れて食べるようである。インセクト・キャビアともいわれている。

以上のほかラモス・エロルデュイ博士のコレクションを見ると大型のバッタ、カメムシの成虫、幼虫、ゾウムシの成虫、幼虫、ヨトウムシ、ミツツボアリ（オーストラリアでアボリジニーが食べているものに似ている）、各種のハチの幼虫、蛹、数種類のアリ（なかには頭の大きな大型のアリもいた）、コウモリガ幼虫、カミキリムシ幼虫、ハエの幼虫などがあった。変わったところでは、アメリカシロヒトリのように群れをなして生活するシロチョウ *Eucheria socialis* の幼虫がいた。この幼虫はカイコのように口から糸を出して、長さ二〇センチメートルくらいの袋を作って、その中で集団生活をする。これを採ってきて食べるのである。

そんなに大量に採れるとは思えない虫もたくさんいるので、それらは食用としてはマイナーであろう。それらも含めると枚挙にいとまのないほど多種類の昆虫が食べられているのがわかる。これらは主として原住民によって食べられているもので、一般に大量に採れるものは少ないので、採れたら食べるということだと思う。ラモス・エロルデュイ博士はこれら食用昆虫のあるものについては、その栄養価の分析も行なっており、豊富な食用昆虫の中から未来のタンパク質源としての昆虫が見つかることが期待される。

五、食虫途上国、ヨーロッパ

ヨーロッパの昆虫相は他の地域に比べて貧弱である。たとえば全ヨーロッパに産するトンボの種類は日本産のトンボの種類と同じくらいしかいない。したがって食材となるほど昆虫が採れないという事情によるのかもしれないが、他のどの地域に比べても、食虫の事例が少ない。それでも古くは古代ギリシアで、あらゆる階層の人びとがバッタを食べていたことが記録されている。紀元前五世紀頃、リビアのナサモネス人は天日で乾かしたバッタを粉に挽き、ミルクと混ぜて飲んだといわれる。アリストテレスはセミが美味なものとされていたことを記している。彼によると老熟幼虫は甘味があって最も美味であるということである。成虫では雄は羽化直後が最もよい風味を持っているが、雌では交尾してからうまくなるという。

カミキリムシの幼虫もやはりローマで食べられていたらしい。オークの樹に付くカミキリムシは特に美味で、王侯貴族や金持ちのご馳走であった。また食べる虫を味よく太らせるために、小麦粉やぶどう酒を与えて肥育したということである。

オーストリアではアルプス高山地方で、住民がアカヤマアリやその近似種を捕らえて、パンの上でひねりつぶしてその汁をパンにしみ込ませ、それからアリの体を取り除いて食べることが行なわれていたという。またスウェーデンでは焼酎の改良にアリが使われた。すなわち不良な焼酎を良い味にするためにアリとライ麦を一緒にして蒸溜したのだそうである。

フランスでは古くからチーズに発生するハエの幼虫、すなわち蛆を生きているまま食べるのが通だとされていた。これはイカモノ食いに近いと思われるので、本書では取り上げない。

現在のヨーロッパの状態を見ると、今のところやはり食虫は低調だといわざるをえない。しかし遅ればせながら、アメリカ、カナダのように食虫の会を催す兆しが見えてきた。

またデンマークではアメリカのホット・リックス社にならって、メキシコサボテンの虫入りアップルフレーバーのロリーポップとか、焼きバッタ入りハッカ味ロリーポップが作られ販売されている。いずれも一本二米ドルだということである（一九九五年現在）。

第八章　アフリカの昆虫食

一、昆虫消費大国

アフリカは昔から現在に至るまで、昆虫を積極的に食べてきた地域である。アフリカの住民が昆虫を食べるのは、苛酷な自然条件下で、旱魃などによって飢餓にさらされた時、背に腹は代えられず食べたという事情もあるが、それは次第に食習慣に取り入れられ、現在ではタンパク質源として必需品となっているもののほか、嗜好品、あるいは好物にまでなっているものもある。一口にアフリカといっても、広い大陸である。場所によって発生する昆虫種も違うし、住んでいる種族も多様である。したがって食虫習俗も食べられている虫も当然違ってくる。一般に北部の諸国ではあまり昆虫が食べられておらず、中部、南部で主として食べられているといえよう。昆虫を食べている地域あるいは国の中でも、種族によって食習慣が異なるため、同じ昆虫が食べられているとは限らない。種族によっては宗教的に食べることをタブーとしている昆虫もあるし、大量に捕ると絶滅してしまうので食べることを禁じたり、制限したりしている所もある。また同じ村あるいは集落の中でも、成人男子だけが食べる虫とか、女・子どもが食べる虫とか制限が付けられているものもある。子どもが食べてはいけないとされている昆虫がある所もあり、そうした土地では、しばしばその昆虫が美味なため子どもに味を覚えさせてしまうと、みんな捕って食べてしまって絶滅してしまうから子どもには食べさせないということもある。しかし、多くの地域で共通して食べられている昆虫もあり、その筆頭はイモムシ、ケムシの類で、それからバッタ、シロアリ、ミツバチなどである。イモムシ、ケムシの類では大型なヤママユガ科の幼虫が主として食べられている。アフリカにはヤママユガ科に属する大型の蛾が多種類産する。成長した幼虫には体長一〇センチメートルを超すものも珍しくない。一般的な食べ方は親指と人差し指で圧迫して腸の内容物を押し出してから、焼いたり、茹でたりするものである。イモムシ、ケムシの類はアフリカの多くの種族の好みの食用昆虫であるらしく、日本から養蚕を指導に行った技術援助団の人の話では、カイコを飼育する過程で、土地の人がカイコをつまみ食いしてしまうので、蚕作の歩留まりが悪くなって困ったという。

アフリカではしばしばバッタ、いわゆる飛蝗が大発生する。飛蝗は飛ぶ蝗（イナゴ）と書くが、日本でいうイナゴとは違う。数種類あってその中には日本のトノサマバッタと同じ種も含まれているし、その他サバクトビバッタとかサバクワタリバッタとか呼ばれるものもある。大発生時の飛蝗はいっせいに飛び立つと雲のように空を覆い、大移動する。そして、その道筋にある植物は何でも食べ尽くしてしまう。したがって農民にとっては大敵である。しかし、一方ではバッタを有力なタンパク質源としている種族もおり、大発生しそうだから、あるいは大発生したからといって、ただちに殺虫剤を散布するわけにもいかないようである。何らかの方法でバッタを効率よく捕獲できれば、害虫防除と住民の栄養改善に同時に寄与でき、一石二鳥となる。バッタは通常焼いて食べるが、乾燥して保存食とし、粉にして加工しても食べる。

シロアリもアフリカには多くの種類がいるが、大型種が食用の対象になる。雨季に入って生殖のための翅のあるアリが誕生すると、大雨のあと結婚飛行のために大挙して巣から飛び立つところを捕獲して食べるのが一般的である。捕まえしだい生で食べたりもするが、大量に採れた時は乾燥して保存したりもする。女王アリは大きく栄養も豊富で、とくに好まれているが、巣の奥の方にいるので、採るのは容易ではないようである。

ミツバチはハチそのものより、蜂蜜が目的とされるが、幼虫や蛹も食べられる。アフリカではイエバエくらいの大きさのハリナシバチの類が広く食べられている。このほか甲虫の幼虫も各地で食べられている昆虫であるが、ゴライアスオオツノコガネなど大型甲虫の幼虫はとくに上等な料理として賞味されていることである。

次にアフリカ各国で食べられている昆虫にどのようなものがあるかを見てみよう。

(a) エジプト

古代エジプトでは糞虫、タマオシコガネが神聖な昆虫として崇《あが》められていたことはよく知られている。このいわゆるヒジリタマオシコガネは神聖視されたばかりでなく、実用的には薬としても用いられ、たとえば精神病の薬として、タマオシコガネの頭と翅を煮て蛇の油に漬け、それを煮て患者に飲ませたという。しかし、現在のエジプトでの食虫については情報がない。

(b) サウジアラビア

飛蝗が襲来した時には捕らえて食べる。一九八八年にスーダン、エチオピアで大発生した飛蝗が紅海を渡ってサウジアラビアに侵入した時には、人びとはバッタを捕らえてエビのように焼いて食べたことが報道された。しかし同国保健局は、バッタがすでに殺虫剤で汚染されている可能性があるとして、食べないように注意したということである。

(c) ナイジェリア

数種のシロアリ（*Macrotermes natalensis*, *M. bellicosus* など）が食べられている。結婚飛行に飛

図55　アフリカオオコオロギ雄成虫（Harris, 1940, Tanganyika Notes and Records より複写）

び立ったところを捕らえ焼いて食べたり、炒めて食べたりする。

大型のアフリカオオコオロギ *Brachytrupes membranaceus*（図55）が食べられており、地中の巣穴を見つけて捕らえ、腸の内容物を取り去ってから焼いて食べる。一般に子どもの食物とみなされている。

バッタは数種のバッタ（*Cyrtacanthacris aeruginoses unicolor*, *Zonocerus variegatus* など）が食べられており、バッタを食べることをタブーとしている人びとはいない。かなり普遍的に食べられているが、市場で売られることはない。食べ方はコオロギと同じである。

イモムシ、ケムシの類では、キリナ・フォルダ *Cirina forda* というヤママユガ科の幼虫が広く食べられており、クワラ州では最も多く市場で流通している虫である。値段は牛肉の倍以上で高価である。スープのだしとして用いるほか、タマネギ、メロン、トマト、カラシ油と煮て塩で味付けして食べたりもする。ナイジェリアの西部地方ではアナフェ・ベナータ *Anaphe venata* というシャチホコガ科の幼虫が重要な食料となっているが、この虫を多量に食べると神経障害を起こすといわれている。

甲虫ではアブラヤシなどに食入するアフリカヤシオサゾウムシ *Rhynchophorus phoenicis* の幼虫が食べられている。この幼虫は大きく、体長一〇センチメートルくらいあり、その中でも大きなものはハツカネズミくらいの大きさになるという。この幼虫は洗ってから揚げるか炒めるかして、タマネギ、コショウ、塩で味付けして食べる。カブトムシの一種 *Oryctes boas*（図56）の幼虫にも巨大なものがおり、これらは汚物が詰まった腹部末端を切り落とし、よく洗ってから揚げて食べられる。

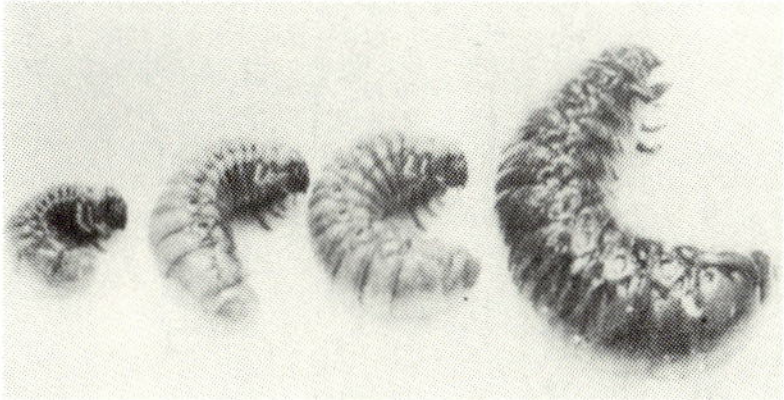

図56　カブトムシ *Oryctes boas* の幼虫（アメリカ昆虫学会の好意により，Fasoranti and Ajiboye 1993, Am. Entomol. より複写）

このほか、カ、ハエ、ゴキブリ、なども食べられている。シロアリの女王やアフリカヤシオサゾウムシの幼虫を子どもに食べさせることは禁じられている。それはこれらの昆虫が「うまい」ので、子どもに味を覚えさせると無制限に採集して食べてしまい、種の絶滅を招く恐れがあるからだという。

(d) カメルーン

ヤシオサゾウムシ類の幼虫をシチューにしたり、串に刺して炒めたり、乾燥させてスナックとしたりする。またココナッツの中身を出して、そのあとに半切した幼虫とスパイスを詰め、バナナの葉で包んで茹でる料理もある。

(e) コンゴ

コンゴには六〇におよぶ種族がおり、森林地帯に住む人びとと、サバンナ地帯に住む人びとでは当然食べる昆虫が違う。

イモムシをモコドという植物の葉で包んでとろとろ煮た料理がある。またケムシをキノコと一緒に焼いて食べる。食べられている種はセセリチョウ *Coliades libeon*, シャチホコガ *Anaphe* sp., 数種のヤママユガ（*Imbrasia oyemensis*, *I. epimethea*, *I. obscura*, *I. truncata*, *Pseudantheraea discrepans* など）の幼虫である。

シロアリは結婚飛行に飛び立つところを捕らえ、そのまま食べたり、大きなものは串に刺して焼いてシロアリのシシカバブを作る。

甲虫では数種のカブトムシ（*Oryctes owariensis*, *O. boas* など）、ケンタウルスオオカブトムシ *Augosoma centaurus*, アフリカヤシオサゾウムシ、ゲンゴロウ、カミキリムシなどの幼虫が食べられているが、一番好まれるものはアフリカヤシオサゾウムシの幼虫である。これらは一般にフライにして食べられる。

バッタ類では、この国でもアフリカオオコオロギ、数種のバッタ（*Acanthacris ruficornis*,

Ornithacris turbida, Cantatops spissus, Oxycantatops congoensis など）が食べられている。これらのバッタの一部は市場にも売りに出される。

シロアリは有翅成虫やまれに女王アリが食べられており、国内の多くの市場で取り引きされていて、経済的に重要な意味を持っている。

水生昆虫では半翅目のタガメの類がフライにして食べられており、またトンボの幼虫は茹でて食べられている。

セミは数種類いるが、いずれも成虫がフライにして食べられている。

アリは *Oecophylla* 属だけが食べられている。このアリの食べ方はアリを親指と人差し指で圧して、汁を出してそれをすする。そしてそのあと腹部だけをそのまま食べる。

(f)　ザイール

ザイールでは多種類のイモムシ、ケムシが食べられている。とくにヤママユガ科の種類は多く、南部シャバ地方では二一種のヤママユガ幼虫が食べられている。キンシャサの中央市場では大型のイモムシ、ケムシやアフリカヤシオサゾウムシ幼虫が売られている。その他イモムシ、ケムシ類ではシャチホコガ、スズメガ、ヤガなどの幼虫が食用にされている。

イモムシ、ケムシ以外ではヤシオサゾウムシ類幼虫、ハゴロモ、アフリカオオコオロギ、バッタ、シロアリなどが食べられている。また多くの昆虫が薬用としても消費されている。それらの中には癲癇《てんかん》の薬としてのカマキリ、精力剤としてのスズメバチ、頭痛薬としてのバッタなどがある。西部のカナンガという町での一九九二年の調査では、年間少なくとも一万二〇〇〇トンの昆虫が消費されており、これは平均して一カ月に一人の人が六六三グラムの昆虫を食べている計算になる。食べられている昆虫の種類では、シロアリが三五％、イモムシ三〇％、その他の幼虫二三％、バッタ一二％となっている。市場での昆虫類の値段は牛肉の約二六％だったという。

(g) ウガンダ

東部のテソ地方では、シロアリが広く食べられている。食用にされるシロアリは *Macrotermes bellicosus*, *M. falciger*, *M. subhyalinus* などである。シロアリは有翅生殖虫が結婚飛行のためにアリ塚から飛び立つところを捕らえるのだが、この結婚飛行は雨季に入る最初の大雨のあとで起きるため、この習性を利用して捕獲する。すなわちシロアリの巣の出口にバナナの葉を丸めたり、粘土で作った筒を差し込んでおいて、アリ塚の近くで丸太をドラムのように棒で叩くと、シロアリは雨だと思って巣から飛び出してくる。筒から出たシロアリは滑るバナナの葉の上に落ちて、そのままバスケットなどの容器の中に滑り込むようになっている。この方法で難なく多量のシロアリを採集することができる。捕らえたシロアリはそのまま食べることが多い。口一杯に頬張って噛むと、ヘーゼルナッツのような香りがしてうまいという。しかし一匹や二匹を齧っただけではこの芳香は感じられないという。このほか持ち帰って茹でたり、揚げたりしても食べるが、調理したシロアリには特有の香りがないといわれる。時には三センチメートルくらいの女王アリも食べられるが、ニシンの白子を食べるようであり、うまいものではないという。兵アリは日干しにしたものが市場で取引される。

バッタ類は飛蝗（*Locusta migratoria migratoria*, *Cyrtacanthacris septemfasciata*, *Schistocerca gregaria* など）の成虫が食べられている。通常はフライにして食べるが、乾燥して搗き崩しソースに混ぜる食べ方もある。このように調理したものはエビに似た風味があるという。アフリカオオコオロギはウガンダでは根菜類の重要害虫となっているが、このコオロギはとくに美味なものとして好んで食べられている。コオロギに似たケラ *Gryllotalpa africana* も食用にされるが、ケラは食べるばかりでなく、その鳴き声を楽しむために飼育されている。キリギリスの仲間の *Ruspolia nitidula* も食用の対象となる。東部地方ではヌセネネと呼ばれるギスが雨季の初め頃に大発生することがあるが、その時には夜になると街灯に集まるギスを捕る人で道路は一杯になり、交通が止まるということである。

ケヨソイカの一種 *Chaoborus edulus* が湖で大発生した時には、これを捕らえ、手で押し固め、ケーキ状にして食べる。甲虫では大型虫の幼虫が食べられているが、シロアリやバッタに比べ消費量は多くない。そのほか、ガの幼虫であるイモムシ、ケムシはローストしたものが市場で売られているし、野生ミツバチの蜜と幼虫も食べられている。

(h) ケニア

ビワの樹に付く野蚕の幼虫が食べられていたが、現在ではあまり食べられなくなった。このほかウガンダと同様に、湖で大発生するユスリカの成虫が食べられている。

(i) タンザニア

西のタンガニーカ地方ではトノサマバッタ、サバクトビバッタ、*Nomadacris septemfasciata* などの飛蝗やバッタが食べられている。飛蝗を食べる時には、後脚を除去してローストするか、炒めて食べる。乾燥して保存食とし、粥と一緒に食べたりもする。味はエビのようだという。その他のバッタは子どものおやつとして、捕らえたものを草の芯に刺し、そのまま食べたり、日干しにして食べたりする。アフリカオオコオロギも焼いて食べる。

シロアリは *Acanthotermes militaris*, *Macrotermes* sp. などの大型のシロアリがよく食べられている。雨季の初めに結婚飛行に飛び出したところを捕らえて食べる。乾燥したシロアリは市場でも売っている。五〜六センチメートルに達する女王アリを掘り出し、ローストして食べることもある。

ケムシ、イモムシの類では、絹糸で巣を造り集団生活をするシャチホコガ *Anaphe infracta* の幼虫を煮て食べたり、乾燥し粉末にして保存食としたりする。体長一〇センチメートル以上もある野蚕の一種 *Bunaea caffraria* の幼虫も好んで食べられており、ニアサ湖近くのマテンゴ山では、住民がこの虫を熱心に探し、焼いて食べる。

野生のミツバチは巣が見つかると、蜜と幼虫が入っている巣ごと食べてしまう。

ニアサ湖、ビクトリア湖ではケヨソイカの一種 *Chaoboris edulis* が大発生すると、雲のような巨大な蚊柱が岸に接近するのを待ってその中に飛び込み、半球形のざるに柄を付けた網を振り回して捕らえ、ざるが一杯になったら、手で押しつぶして型に入れ、塊にして天日に干す。これはクングといわれ、キャビアのような味がするといわれる。これはこの地方での重要な食料の一つになっている。

(j)　マラウィ

野生のミツバチを飼育して、蜜を採ったり幼虫を食べたりしている。数種の野蚕の幼虫も食べられている。

ニアサ湖に面した所では、カゲロウ *Caenis kungu* が大発生するので、成虫を捕らえ、押しつぶして厚さ二・五センチメートルくらいの塊にして食べる。これもクングと呼ばれている。クングは厳密にはカゲロウの成虫だけではなく、蚊の類も含まれている。

(k) ザンビア

ザンビアの食用昆虫についてはスウェーデンの研究者シローが西部地方で詳しい調査を行なっており、とくにその地方のイモムシ、ケムシ類についてよく調べている。それによると広くしかも多量に食べられているのはヤママユガ科の幼虫で、種名がわかったものだけでも二四種ある。そのなかでよく食べられているものには、*Gynanisa maja, Cinabra hyperbius, Gonimbrasia belina, Cirina forda* などがある。その他エビガラスズメを含むスズメガ科幼虫三種、カレハガ科幼虫五種、シャチホコガ科幼虫二種、ヤガ科幼虫二種、その他種名がわからないもの一五種と多彩である。標準的な食べ方は、指で圧して腸の内容物を押し出したあと、ローストして食べるか、茹でて食べる。なかには体長一〇センチメートルを超す大型のイモムシもあるが、大型のイモムシは概して皮膚が厚く、なかなか嚙み切れなかったり、多量に食べると消化不良となって胃痛を起こしたりする。また人によっては便秘の原因となったりする。しかしなかにはこの厚い皮膚を好む人もいて、皮膚をチューインガムのようにくちゃくちゃ嚙んで楽しむという。一般に脂肪の貯蔵器官である脂肪体が発達している幼虫の方が美味であるとされ、好まれている。乾燥して保存食としたり、多く採れた時は市場に売りに出したりもする。毒毛を持つケムシも食べられているが、それらを食べる時はまず火で炙って毛を全部焼き落としてしまってから食べる。有毒といわれている幼虫をあえて食べる人びともいる。有毒虫を料理する時には、灰を入れた水で煮沸するか、真水で三〜六回煮沸すると無毒化できるという。このような手間をかけてもわりに合うくらい、その虫はうまいのだそうである。

北部州ではムンパと呼ばれるイモムシが好まれており、人びとはこれを争って採るため、採集期間を一一月一五日から一二月一五日までの一カ月間に限定して絶滅を防いでいるという。これらのイモムシ、ケムシは大量に採れた時は内臓を押し出し乾燥したものが商品として市場に出され、売られたり、他の商品と交換されたりするので、経済的にも重要な意味を持っている。動物作家ノーマン・カーによると、北部州のムピカという町では、ムトンドと呼ばれる植物の葉を食べる野蚕幼虫が好んで食べられており、このイモムシで税を払うこともできたそうである（一九四〇年頃）。

シロアリは大型種 *Macrotermes falciger*, *M. subhyalinus*, *M. vitrialatus* などが食用にされている。有翅生殖虫を生で食べたり、油を用いずにシロアリ自身からにじみ出る油でフライにしたりして、塩を振って食べる。またこれをヌシマと呼ばれる粥と一緒に食べることもある。大量に採れた時は日干しにして貯蔵しておく。

バッタ類では *Acrida sulphuripennis*, *Oedaleus nigrofasciatus*, *Acorypha nigrovariegata* など多数の種類が食べられているが、たいてい翅を取って茹でたり、ローストしたり、炒めたりして、塩を振って食べる。茹でたものを日干しにして保存食を作り、そのままおやつとして食べたり、もう一度湯がいてタマネギ、トマトなどを加えて食べたりもする。七種類いる飛蝗、キリギリスの類 *Ruspolia differens*, アフリカオオコオロギなども前記と同じ方法で食べられている。

セミも数種類いて、成虫を捕らえ翅を取って食用油か脂肪で揚げるか、ローストする。茹でて塩を振って食べることもある。地方によってはニワトリの餌にする。

甲虫としてはアカシアの樹に穿入するカミキリムシ類 *Acanthophorus maculates*, *A. capensis*, *A. confinis* などの幼虫数種がよく食べられている。材から取り出した幼虫はそのまま塩、トマト、タマネギを加えて煮て食べる。脂肪の多い虫なのでそれ自身からしみだす油で炒めて食べることもある。花に飛来するハナムグリは成虫の頭と翅を取って塩を付けて炒めるかローストする。牛糞などを食べるいわゆる糞虫の幼虫も食用にされる。食べ方はフライにして塩を振るというもので、ほかの虫の食べ方と同じである。とくにきれいにする前処理などは行なわない。高温で揚げるので衛生的に問題ないということであろうか。

野生のミツバチの巣を見つけた時は、蜜は甘味として利用するほか、蜂蜜酒を作るのに用いられる。また幼虫は蜜と一緒に食べたり、取り出して炒めておかずにする。対象となるハチは *Apis mellifera adansonii, A. m. capenis* などである。

アリ *Carebara vidua* は結婚飛行の際に捕まえ、生のまま食べたり、翅を取ってそれ自身の油で炒めたり、茹でたりして食べる。

(l) アンゴラ

少なくとも四種類の野蚕 *Imbrasia ertli, Usta terpsichore, Gonimbrasia belina, Bunaea* sp. の幼虫が食べられている。腸の内容物を押し出して、茹でたり、ローストしたり、日干しにしたものに塩を振って食べる。

また、シロアリ *Macrotermes subhyalinus* が飛び立つところを捕まえ、翅を取って炒めて食べたり、ヤシオサゾウムシ *Rhynchophorus phoenicis* 幼虫を炒めて食べる。

(m) ボツワナ

モパニィワーム *Goninbrasia belina* と呼ばれる黄色と黒の野蚕の幼虫が広く食べられている。この幼虫はモパニィ・ツリー（鉄木）の葉を食べるのでそう呼ばれている。その腸の内容物には刺激臭があるので、腸の内容物を押し出してから食べる。たくさん捕れた時はザンビアに輸出されている。農協での売り上げは年間一六〇〇トンにも達する。

このほか、キジラミ *Arytaira mophane* が分泌する甘露が集められ、甘味として利用されている。

(n) ジンバブエ

モパニィワームが最も重要な食用昆虫となっている。このイモムシがいない地方に輸出してもおり、年商九〇トンという商人もいる。この虫を商品化するためには腸の内容物を押し出し、塩水で茹でてから天日で乾燥させる。

モパニィワーム以外では緑色の大きなカメムシ *Natalicola pallidus* が食べられている。成虫は長さ二四〜二七ミリメートルくらいでカメムシ特有の強烈な匂いを発散する。住民はこの虫の頭を取り、虫体を圧迫して切り口から内容物を少し絞りだしてから、そのまま食べたり、煮て食べたりする。

これらのほか、コガネムシの一種 *Eulepida mashona*, ヘリカメムシの一種 *Pentascelis remipes*, 数種の野蚕幼虫が食用にされている。

(o) 南アフリカ

ここでもモパニィワームが広く食べられている。刺激臭のある腸の内容物を押し出し、そのまま生で食べる。この幼虫を与えれば泣く子も黙る（図57）。フライにして塩とレモン汁をかけて食べたり、トマト、タマネギ、ホウレン草を加えてシチューにしたり、また日干しにして保存食としたりもする。乾燥したものはそのままスナックにすることもある。乾燥幼虫は市場で売られており、約六〇頭で五〇円くらいであった（一九八〇年代）。これは二人分のシチューを作るのに十分な量である。農協で扱う量は年間四万袋（一袋四〇キログラム）にも達する。この虫が大発生した時には一時間で一八キログラムも採集できるという。トマト・ソースとペリペリ（トウガラシ油）で煮た幼虫の缶詰がピータースバーグの食品会社で作られ、市販されている。

図57　赤ん坊をおぶってあやしながら，モパニィワームを集める若いお母さん（Brandon 1987, Intern. Wildlife より複写）

北部トランスバール地方では、ゾウムシ *Polyclaeis equestris* の成虫が食べられている。四〇オンス（約三八七頭）の成虫の固い翅を取り、三〇〇ミリリットルの水と七グラムの塩でゆっくり煮詰めてかりかりになるまでへらで混ぜる。塩味で「ナッティ」であるという。タマムシ *Sternocera orissa* の成虫も同じようにして食べられている。

東部トランスバールではカメムシが賞味されていた（一九四四年頃）。カメムシ科に属する *Eucosternum delegorguei* という体長二七ミリメートル、体幅一五ミリメートルくらいの大型で、薄緑色または茶色のカメムシである。臭腺から強烈な匂いを出すが、この匂いが好まれている。昼行性で、時に大発生して飛び立ち、ぶんぶんいう羽音が遠くまで聞こえるほどだという。年一回発生で、成虫は冬の四月から、七月にかけて出現する。臭腺の分泌液は匂いを発散させるだけでなく、分泌孔から噴射することもあり、分泌液が眼に入ると、やけどした時のような痛みを覚え、一時的に目が見えなくなり、ひどい場合には失明するという。このカメムシを食べるには、木や石など堅いものにこすりつけて頭を取り、二本の指で体を挟んで体液を少し絞り出す。これで毒が抜かれたとするわけだが、臭腺の分泌液は必ずしも除去されていない。このようにしたカメムシをそのまま生で食べたり、煮て食べたりする。住民の大部分がこのカメムシを好み、それだけで食べたり、粥と一緒に食べたりしている。

イモムシ、ケムシはモパニィワームばかりでなく、エビガラスズメ、*Gynanisa maja*, *Cirina forda*, *Bombycomorpha pallida* などいろいろな種類が食べられている。いずれも腸の内容物を押し出したあと、塩茹でにするのが基本的料理法である。このように調製した虫は、シリアルなどと混ぜ、水または牛乳で粥のようにして食べることが多い。

バッタ *Zonocerus elegans* や飛蝗（トノサマバッタ、*Locustana pardalina, Nomadacris septemfasciata* など）が大発生した時には、昔は落とし穴を掘って捕らえたが、最近では工場用の大型真空掃除機で吸引して集める。しかし、近年では殺虫剤の使用や農地の開拓により、発生が激減したという。バッタ類と飛蝗は翅と大きなトゲのある後脚を取り、茹でたり、炒めたり、ローストしたりして食べる。炒める時にはトウガラシ粉と塩、人によってはシナモンの粉をまぶす。このようにするとシラスのような味がするという。また炭火でローストしたバッタを石臼でひいて粉にし、保存食、旅行食にしたりもする。

モザンビーク国境に近いズールーランドで、数種の野蚕幼虫がビタミンに富む食品としてローストしたり、日干しにしたりして食べられており、またアリ *Carebara vidua* も有翅生殖虫が食べられている。

(p)　マダガスカル

飛蝗の一種でバララと呼ばれるバッタ *Locusta migratoria capito* が全島で食べられている。これは日本のトノサマバッタに近い種類である。沸騰水で茹でたあと、日干しにして食べる。

炒めて塩を振って食べたり、粉末にして米の味付けに使ったりもする。コオロギも食べられているが、コオロギは乾燥して粉にしてから水を加えて煮、米の味付けに用いられる。炒めて塩を振って食べることもある。コオロギが大発生した時には、乾燥コオロギが商品として市場に出回ることがある。政府は速く輸送するために、鉄道の特別切符を発行したりしてコオロギ輸送の便を図ったこともあるという。この乾燥コオロギは商品としては獣や魚と同じように扱われ、同率の税、すなわち一トン当たり一・三〇フランの税が課されたという。

甲虫ではゲンゴロウ、コフキコガネ幼虫、クワガタムシ幼虫などが炒めて食べられている。トンボの幼虫のヤゴも同様に炒めて食べられている。

イモムシ・ケムシの類も多くの種が食べられているが、変わったところではミノムシ *Deborrea malagassa* を熱湯に浸けて殺したものが市場で売られていたことがある。北部地方ではセミに近いベニシタハゴロモ *Pyrops tenebrosa* の油炒めが食べられている。西部・南部ではヨコバイ類 *Phremnia rubra* の分泌する甘露が集められ、押し固めて拳《こぶし》大にしたものが、甘味として利用されていた。

以上述べたほか、ブルキナファッソ、ガボン、ナミビアでも数種の野蚕幼虫が食べられているし、またモザンビークではバッタが食べられている。

二、ベンバの人たちの食べる虫（中南部アフリカ、ザンビア共和国）

(a)「虫好き」なベンバ

筆者らは、一九八三年から、アフリカの中南部にあるザンビア共和国で、ベンバと呼ばれる人びとを対象として、人類学の調査を続けてきた。ザンビアに住む人びとは、ほとんどがバンツー系の農耕民であるが、それぞれの民族集団によって食習慣もずいぶん異なっている。昆虫を食べる習慣を持たない人びともあれば、ベンバのように、ザンビア国内でも有数の「虫好き」として知られている人びともある。数ある食用昆虫のなかでも、ベンバの人びとは、とくに食用イモムシに深い思いを寄せており、また、誇りにもしている。季節になると、街の市場の一角には、必ずといっていいほど食用イモムシを売る女性が店を広げていて、市場をぶらついていると声をかけてくる。「ほら、来て一度食べてごらんよ、あんたたち白人は嫌うけど、これはとってもおいしいんだよ！　こんなおいしい食べ物を知らないなんて、あんた、恥だよ！」。

ここでは、ベンバの昆虫食に焦点を当て、筆者らの調査データに基づきながら、話を進めていくことにしよう。

(b)　ベンバの昆虫食

ベンバランド　ベンバの住むザンビア北部州の気候は、四月から一〇月中旬までの乾季と、一〇月下旬から三月までの雨季との二つにはっきりと分かれている。乾季はさらに、四月から八月初旬までの冷涼乾季と八月中旬から一〇月中旬までの暑熱乾季に分けられる。年間降水量が一二〇〇ミリメートルほどのこの地域には、ミオンボ・ウッドランドと呼ばれる、少し乾燥した疎開林が広がっている。ミオンボ・ウッドランドはおもにマメ科ジャケツイバラ亜科の樹種によって構成されている明るい疎開林である。ミオンボ・ウッドランドの「ミオンボ」は、この疎開林に代表的な樹木を方名で「ミオンボ」と呼ぶことに由来している。ベンバは、このミオンボ・ウッドランドを基盤として独特な焼畑を作り、生活を立ててきた人びとなのである。ベンバはまた、二〇世紀初頭にイギリスによって植民地化される以前から、強い軍隊を持つ強力な王国を創り上げていたことでも有名である。

人びとのおもな生計の手段は、焼畑耕作なのだが、その食生活をよくみてみると、野生の動物や植物をずいぶん多く利用していることがわかる。とくに副食では、食卓に登場する食品の四割ほどが野生の動物や植物であり、ベンバにとって野生の動植物は欠かせない存在であるといえる。なかでも昆虫食はベンバの食生活を強く特徴づけている。たとえば、一九八四年の食事調査の結果からみると、昆虫の利用回数が最も多かった一二月には、実に、副食の七割以上が野生の動植物で、そのうち四割を食用昆虫が占めている。

ベンバの食用昆虫のバラエティ　ベンバの人びとは、シロアリ、カミキリムシ、コオロギ、セミ、イモムシなど、さまざまな昆虫を食べる。食用昆虫は、単位重量当たりのタンパク質量が非常に高いので、栄養面からみると、動物性タンパク質の供給源としての重要さが評価される。けれども、虫を食べる当の人びとは、おいしさで高く評価している。しかも、すべての食用昆虫がひとくくりにされているわけではない。食味や季節性や採れる量などの違いによって、とるに足らないといわれている昆虫から、ほかの仕事を放り出してまで採集が行なわれる昆虫まで、その評価は幅広い。そこで、以下では、ベンバの人びとがそれぞれの食用昆虫に与えている食物としての評価にしたがって、記述をすすめることにしよう。まず、食生活における重要さはさほどではないものの、ベンバの食生活に彩りを添えるという意味をもつ食用昆虫について述べ、つぎに、食生活において非常に重要な食用昆虫について詳しく述べることにする。

(c)　食生活に彩りを添える食用昆虫

子どもの食べ物セミ　セミは食用になるというものの、大人たちに「あなたは食べるの？」と聞くと、ベンバの誰からも、一様に「食べるものかね！　あれは子どもの食べ物なんだから」という答が返ってくる。ベンバの一般的な評価では、セミは、大の大人が「食べること」を目的にして採るようなものではなく、子どもたちが遊びで採り、ついでに食べるというたぐいの昆虫なのである。

ベンバの少年たちは、「男らしさ」を意識しはじめる七〜八歳くらいになると、ミオンボの林に出かける時には、槍を持っていくようになる。大人の男なら、この槍で動物を狩るのだが、それほどの腕を持たない少年たちは、林の中で、目に映る落ち葉や木の枝などを、何でも獲物に見たて、槍を振り上げては突きたてる行為を繰り返して、槍の練習に余念がない。そんな小さな狩人たちの自尊心を満足させるのが、セミ採りである。

セミ採りのシーズンは、一年中で最も暑い暑熱乾季である。木の幹にとまって鳴きたてるセミを見つけると、少年たちは槍を肩口に構えてそっと歩み寄る。息を潜めながら槍の穂先をセミに近づけ、一気に突き刺す。セミを穂先からはずすと、無造作に羽をむしり、お尻の先を引きちぎってから腹の臓物を出す。さらに、手近に生えているイネ科の草の茎を折り取ると、頭と胴体だけになったセミを、その茎に串刺しにして、片手に持ち、次の獲物を探す。こうして何回かセミ採りを繰り返すと、先般の草の茎には、一〇〇匹ほどのセミが串刺しにされて、焼き鳥の串のように見える。セミ採りを始めてから一〜二時間もすると、小さな狩人たちは、手に手に数本のセミの串を握って、村への帰路につく。

村で少年たちを迎えるのは、彼らよりもさらに年齢の低い子どもたちである。子どもたちは、少年たちに駆け寄って、その手からセミの串を受け取り、うやうやしく炉のところに運ぶ。しばらく火を焚いておき（熾）火を作ると、その上にセミを直接乗せ、香ばしく焼ける匂いがしたらひっくり返す。セミの全身がほど良く焼けたらできあがりである。

セミが焼き上がると、年長の少年が焚き火を囲んで待っている小さな子どもたちそれぞれに、分けてやり、自分たちも食べる。筆者らが側にいる時は、躊躇もせず、惜しげもなく分けてくれる。外皮が少し固いけれども、焼きたての熱いところに塩を少し付けて、はふはふしながら食べると、それは香ばしくて嬉しい味である。「ああ、本当においしいねえ！」と言ってほめた時の、少年たちの満ち足りた、誇らしげな顔といったら！　それでいながら、一人前に、客人にご馳走をふるまう時のベンバのものごしで、恥ずかしそうに目を伏せて「今は力がないから、こんな粗末なものしか差しあげられませんけれど」と謙遜することを忘れないのだった。

セミは、子どもたちの大切な食事の友でもある。お腹がすいている時には、家の台所から鍋と粉を持ち出して子どもたちだけで小さな「ウブワリ（主食にしている固練り粥）」を作り、焼いたセミをおかずにして食事をする。小学校の授業が午前中で終わる時などには、家に帰る道すがらセミ採りをし、自分の昼食のおかず持参で帰宅するしっかり者の少年もいる。

見かければ採るカミキリムシ　ベンバランドで見かけるカミキリムシは、体全体が黒く、翅に白い斑点が散っているのが一般的である。成虫は、体長四センチメートルくらいである。ベンバ語で、カミキリムシの成虫はムペンビヤ、幼虫はフィショロロと呼ばれており、いずれも食用にされる。セミとは違って、大人も子どもも食べるが、大人は幼虫の方を好み、ことさら成虫を食べようとはしないようだ。「味は?」と尋ねると「食べれば甘くておいしい」とは答えるけれど、私が観察した限りでは、ベンバの人びとは、カミキリムシには冷淡で、誰もわざわざ採りに行ったりしない。

カミキリムシの成虫は乾季に、幼虫は雨季に多く見られるというが、実際に目にする機会が多いのは、成虫は、乾季の八月から一〇月まで、幼虫は、雨季の一二月から一～二月までである。前者の期間は、ちょうど焼畑の開墾作業をする時期に当たっており、人びとは多くの時間をミオンボ林で過ごす。そこで木々の枝を伐採したり、伐採した枝を運搬する仕事に精を出すのである。作業に一息入れていると、木々の枝が伐採されて明るく開けたミオンボ林の中で、触角を広げ、黒い翅を震わせながら飛ぶカミキリムシが目につく。

カミキリムシは、立木などの障害物が少ないので気を許しているのか、普通、人間の背丈ほどの高さでのんびり飛んでいる。だから、二～三歩先まわりして手をのばせば、簡単に捕まえることができる。捕まえると、まず手近な枝きれを虫の口にあてて、鋭い嘴を折り取り、触角と、堅い羽と足をむしり取る。それを手頃な布などに包んで、村に持ち帰る荷物に加える。

村に帰り着くと、両親の帰りを待っていた子どもたちに「はい、森のお土産」と手渡す。カミキリムシをもらった子どもたちは、早速、喜んでままごとを始め、ままごとのなかでカミキリムシを料理する。空き缶にカミキリムシを入れて、少量の水を加えて熱し、水が少なくなってきたところに塩を入れて、水気が完全になくなるまで火にかける。カミキリムシ全体にうっすらと塩をまぶしたような状態になったらできあがり。ままごとに参加している子どもたちで分けて、ちびちび食べる。

雨季の一二月から一〜二月は、作物の播種や植えつけ、収穫などのために焼畑で作業をすることが多くなり、畑の周囲にある倒木を目にする機会が増える。たとえば、農作業を終え、村に持ち帰る薪を集めている時、薪に手頃な古い倒木に斧を入れると、厚い樹皮の下から、むっちり太ったカミキリムシの幼虫が現れることがある。それが二〜三匹まとめて見つかったり、よっぽど太って、見るからにおいしそうだったりすると、村へ帰るのを少しだけ遅らせて、カミキリムシの幼虫採りが始まる。幼虫がいそうな倒木に目星をつけて、つぎつぎに樹皮をはがしていくと、うまくいけば、三〇分とたたないうちに一〇〇匹ほどの幼虫が採れる。まとまった数の幼虫が採れなかった時には、村で待つ子どもたちへのお土産になり、かなりの数の幼虫が採れた時には、昼食や夕食のおかずの一品に加えられる。

カミキリムシの幼虫は、そのまま、小さな鍋やフライパンに入れて少量の水を加えて火にかける。十分熱したところに塩を加えてひと煮立ちさせ、水分を飛ばす。ほとんど水分がなくなったら、皿にあけ、食卓に供する。口に入れると、木の香りが残っているのが感じられるが、むっちりと柔らかく、甘い。

時期限定の珍味、シロアリ　シロアリは、誰もが好きだというおいしい昆虫である。食味の点からは、ほかのどんな食べ物よりおいしいという人さえいる。けれども、羽化して巣から飛び出したものだけを採って食用にするので、シロアリを食べられるのは、一年のうちでも特定の短い期間に限られている。しかも、ベンバの人びとは、集落にごく近い蟻塚だけにしか行かないので、シロアリを食べる機会は、数年に一度あるかないかのものである。

シロアリの採集は、一二月の中旬過ぎ、雨季が本格化してきた頃に行なわれる。まとまった雨が降って土が軟らかくなった頃あいを見計らって、村びとは集落に近い蟻塚や家のまわりを点検し、シロアリが出てきそうかどうかを判断する。シロアリが出そうだとわかると、子どもたちはとりわけ熱心に、懐中電灯やランプなどの照明器具と箒《ほうき》、それに、採ったシロアリを入れる容器の調達に走る。

シロアリが飛び立つのは、雨の上がったあとの、月の明るい夜に限られる。村びとによると、雨の降る周期は月の満ち欠けに対応していて、新月の間は雨の降らない日が続くが、月が満ちるとともに雨が降り始め、再び月が欠けるまでの半月の間、雨が降る日が多くなるのだという。

シロアリは、そんな雨の匂いと月の光を感じて、満月の夜に当たるように旅の支度をするのだそうだ。シロアリの飛行は、せいぜい一晩だけだし、飛行の時間帯も、月が出る頃のほんの数時間に集中しているので、この機を逃してはシロアリ採りはできない。

シロアリ採集　シロアリの飛行が予想される日の夕刻には、人びとは早めに夕食をすませ、シロアリ採りの容器を持って、蟻塚のまわりに集まってくる。あたりがうす暗くなると、シロアリを引きつけるための照明に火が入れられる。雨季の盛りに独特な湿った空気の感触と、ひときわ明るい照明が、妙に気分を高揚させる。東の空に月が姿を見せる頃になると、蟻塚の出口には、まず数匹が現れ、あれよあれよという間に数えきれないくらいのシロアリがわらわらと押し寄せてくる。そして、光に向かって先陣が飛び立つと、次々に飛行を始め、あっという間に、あたりは一面、無数のシロアリに満たされる。シロアリの翅が月明かりと照明とにきらきら輝いてダイヤモンド・ダストのようだ。

子どもたちはすっかり興奮して、持参した箒を振りまわし、箒に当たって落ちたシロアリをかき集めては、水を張った容器に入れる。大人たちは、照明をめがけて飛んできては地面に落ちる、山のようなシロアリを掃き集めさせ、容器に入れさせる。人びとは口々に「ほら、そこにもシロアリだ、ここにもシロアリだよ！」と叫び、夢中になった子どもたちの姿を見て大声で笑い、開けた口の中に飛び込んだ羽アリを吐き出しながら、また笑う。シロアリ採りでは、誰もが華やいではしゃいでいる。

シロアリの飛行が一段落して家に戻ると、子どもたちは採れたシロアリを軽く水洗いして汚れと翅を取り除く。下ごしらえができると、台所からフライパンを持ち出し、家の主婦か年長の少年少女が、さっそく、シロアリを煎りはじめる。シロアリ自体に脂がのっているので、食用油を一滴も使っていないのに、じゅうじゅうじりじりと音がする。軽く煎りあげたシロアリに、上からぱらぱらと塩をちらして「さあできたよ」。声を待ちかねていっせいに手を出す。この煎りたてのシロアリがまた、おいし～い！　ひとつまみ口に入れると、さくっとした歯ごたえとともに、熱つ熱つの甘い汁が口中に広がるのだ。大人も子どもも、指や舌がやけどするのも気にせずに、次から次へとフライパンへ手を伸ばす。ものの数分とたたないうちに、煎ったシロアリはきれいにたいらげられてしまう。フライパンは空になっても、夕刻からのシロアリ採りですっかり高揚した気分は残り、子どもたちの間から歌と踊りが始まる。興がのってくると、大人も踊りの輪の中に加わり、本格的に太鼓を打ち鳴らす。場はさらにもりあがって、夜がふけるまで、人びとの歌や踊りが続く。

(d)　副食として重要な食用昆虫

「まともなものが食べたい」という時期の大事なおかず　一月半ばにさしかかると、それまで夕立ちのようにしか降らなかった雨が、一日中降り続くようになる。一月末から三月にかけてのこの時期は、作物が青々とした葉を茂らせ、カボチャや食用ヒョウタン、キュウリ、スイカ、在来種のトウモロコシなどが実をつける。さらに、ミオンボ林にはいろいろな種類のキノコが出るので、植物性のおかずのバラエティは広がるのだが、林床に丈の高い草が生い茂って、狩りができなくなるため、動物の肉はほとんど手に入らないし、何より肝心の主食が不足がちになる。

ベンバの主食は、シコクビエやキャッサバの粉を、沸騰した湯で練りあげて作る「ウブワリ」である。硬めに練った白玉だんごの生地を思い浮かべていただけばよいだろうか。熱い湯気がほかほか立ちのぼる皿から「ウブワリ」を指でちぎりとって丸め、親指で真ん中を窪ませてから、おかずのスープにつけて、その窪みにたっぷりスープを載せて食べる。ベンバの人びとは、この「ウブワリ」とおかずのセットを「食事」と呼び、それ以外（パンや米、イモなど）は空腹しのぎの「スナック」で、「とても満足なんかできない」という。ところが、ウブワリの材料になるシコクビエは、一月になると前年の収穫の貯蔵が底をつきはじめる。キャッサバのイモ自体は畑にたくさんあるのだが、雨季も盛りの一月半ばから三月には、製粉作業がはかどらない。なにしろ、キャッサバを製粉するには、水に漬けてアクを抜いたキャッサバを、天日で乾燥するという工程が必要なのだが、この時期には、雨が降り続くので、なかなか乾燥させられないからなのだ。「今日はウブワリにする粉がないから」と言って、蒸した食用ヒョウタンやカボチャ、サツマイモなどを主食の代わりに付けたり、塩味を付けて焼いたキャッサバをスナックにしたりすることが多くなる。

ウブワリとおかずがセットになってこそ「食事をした」という彼らは、カボチャやイモで満腹しても、とても満足できないとみえて「今日で三日もメシを食っていない」と悲しそうに訴えたりもする。「昨日はカボチャ、今日はヒョウタン、明日はイモで、おかずは毎日、キノコやイモの葉の水煮だもの、体から脂が抜けてすかすかになっちまう。ああ、せめて脂ののったおかずが食べたい!」。

この切実な要望に応えるかのように現れるのが、食用コオロギ *Gymnogryllus* sp. である(弘前大学名誉教授正木進三氏同定)。ベンバ語でニェンセとよばれる食用コオロギは、体長五センチメートルほどもある。雨季の盛りの二月頃になると、畑の周囲や道端に穴を掘ってその中に潜んでいる。食用コオロギの穴の入り口は、直径二センチメートルくらいだが、穴を掘る時にのけた土が入り口の前に山盛りになっているので、すぐにそれとわかる。

食用コオロギ採集　食用コオロギの穴が見られるようになると、大人の男性たちは鍬を肩にかけ、一~二人の少年をお供に連れて出かけていく。食用コオロギの穴を見つけると、勢いよく何度も鍬を振りおろして、土ごとコオロギを掘りあげる。ついてきた少年が、すばやく土くれの中から食用コオロギを選びだして捕まえ、持参した容器に入れる。男性は、食用コオロギが採れたのを確かめると、少年が容器に入れるのを待たずに、次のコオロギ穴を探して歩きはじめる。少年もすばやく食用コオロギを容器に入れて、あとを追う。そんなふうにして、大人の男性が二～三時間かけると、一五〇四から二〇〇〇匹の食用コオロギを捕らえることができる(図58)。

図58　ベンバの食用昆虫のひとつ，コオロギ

家に帰り着くと、捕らえた食用コオロギの下ごしらえは、コオロギ採りのお供をした少年たちの仕事である。彼らは、家の前庭に思い思いに陣取って、まず、コオロギの外側の翅と、硬いトゲのある後ろ脚の先を折り取り、さらにお尻の先を引きちぎって腹の中身を出し、捨てる。下ごしらえのあと、軽く水洗いをして鍋に入れる。鍋を火にかけて、まず、から煎りし、脂の焦げた香ばしい匂いが立ち昇ってきたら、少量の水と塩を入れる。さらに煎り、水気を飛ばせばできあがりである。ぱりっとした歯ごたえがあり、よく脂がのっていて、川エビのから揚げさながらの味である。また、もっと簡単に、コオロギ

を直接おき火の上に乗せて焼き、片手にのせた塩を付けながら食べることもある。食用コオロギ採りは、三月中旬まで、ほとんど毎日行なわれる。

なんといっても王者はイモムシ　食用になるイモムシは一二種あるが、ベンバ語では、この一二種の食用イモムシを一括して、フィシム（Fishimu）と総称する（表3）。この一二種のうち、一〇種を占める大型の食用イモムシは、いずれも体長五～六センチメートル以上で、大人の男性の親指くらいの太さがある。二種類の小型の食用イモムシのうち、私が観察できたのはトゥナカリシャだけだが、体長三～四センチメートル程度で、割り箸一本の半分くらいの太さである。小型の食用イモムシのうち、ふだんに食されるのは、トゥナカリシャである。湿地草原にすむムプウェプウェは「食用になる」といわれているだけで、筆者らの住み込んでいた地域では、ほとんど利用されていなかった。このイモムシは筆者らが住み込んでいた地域よりさらに南に広がる湿地帯で、チブワと呼ばれる地域や、ビサという民族集団の人びとの住むバングウエウル・スワンプなどでは比較的頻繁に食べられているということだった。

一二種の食用イモムシは、それぞれ好みの食草が異なっているし、大きささや色、形などに、

備考
分布に地域差 当たり年あり
分布に地域差 当たり年あり
少数だが当たり年あり
少数だが当たり年あり
少数
少数
まれ
まれ カサマ付近にのみ発生
毎年少数ずつ発生
当たり年あり

表3　食用イモムシの種類

イモムシの名称（方名）	大きさ	特徴	発生する時期	食草（方名および学名）
チプミ（Cipumi）	大型	鮮やかな黄緑色 刺や毛がない	雨季の入り（10〜11月）	ムトンド *Julbernardia paniculata*
ムンパ（Mumpa）	大型	白，黒，黄，水色の横縞模様に黒色の硬い刺	雨季の入り（10〜11月）	ムトンド（既出） ムトボ *Isoberlinia angolensis* ムオンボ *Brachystegia longifolia*
フィトボ（Fitobo）	大型	全体が白っぽい	雨季（11月）	ムトボ（既出）
フィコソ（Fikoso）	大型	白い体に太い黒の横縞模様，体側に黄色のアクセント。白いやわらかな毛に覆われる	雨季（11〜12月）	ムサセ *Albizia antenesiana* カパンガ *Burkea africana*
ムパンバタ（Mpambata）	大型	やわらかな刺を持つ	雨季	ムオンボ（既出） ムソンパ *Brachystegia floribunda* ムサカ *Brachystegia utilis*
フィナムテベテベ（Finamutebetebe）	大型	刺がある	雨季	ムテベテベ *Cussonia kirkii*
フィナムルシャ（Finamulusha）	大型	硬い刺がある	雨季	ナムルシャ（未同定）
ンセニャ（Nsenya）	大型	白っぽい体にやわらかな毛	雨季	ムクサウ（未同定）
カヨンガ（Kayonga）	大型	褐色	雨季	ムトンド（既出） ムトボ（既出） ルンポサルワ（未同定）
フィナムスク（Finamusuku）	大型	真っ黒な全身，真っ赤な硬い刺	雨季（2〜3月）	ムスク *Uapaca kirkiana*
トゥナカリシャ（Tunakalisha）	小型	黄色に黒の縦縞模様	雨季の入り（10〜11月）	チンパンパ *Monotes africanus*
ムプウェプウェ（Mpwepwe）	小型	黒っぽい	1年中	湿地草原の草

それぞれ見まちがいようのない、はっきりした特徴を持っている。たとえば、大型の食用イモムシのなかでも、フィナムスクは、真っ黒な全身が鮮やかな赤色の硬い刺に覆われている。ムスクと呼ばれる低木の葉を好むので、この木にちなんだ名前がつけられている。白い地色に黒とうす黄色の横縞模様の体を持ったフィコソには、全身に白い柔らかな毛が生えている。チプミと呼ばれる鮮やかな黄緑色のイモムシには刺も毛もない。ムンパは、白い地色に黒、黄色、水色の横縞があり、真っ黒な硬い刺を持つイモムシである。

発生する時期も異なっている。乾季の間に見られるのは、湿地草原にすむムプウェプウェだけで、ほかは、いずれも雨季に発生する。雨季の入り端の一〇月中旬から一一月初旬には、チプミとムンパ、トゥナカリシャが姿を現す。続いて、一一月中旬から一二月にかけてフィコソ、フィトボ、ムパンバタ、フィナムルシャ、フィナムテベテベ、ンセニャなどが発生し、年が明けて二月頃になるとフィナムスクが見られるようになる。

採集した食用イモムシは、お尻を持って、頭の方に蛇腹を縮めるように絞り、内臓を出す。内臓出しの加工をしたイモムシは、水洗いして汚れを落とし、少量の水とともに鍋に入れて火にかける。小型のトゥナカリシャは、内臓出しをせず、そのまま調理する。途中、水を二〜三度足しながらよく煮立て、水が少なくなってきたら、塩を加えてさらに加熱し、水分を飛ばす。あるいは、少量の水とともにフライパンに入れてよく煮立て、食用油とタマネギやトマトを加えてさらに炒め煮て、最後に塩とトウガラシで味を整えるという調理法もある。食用イモムシが大量に採集できた時には、内臓を出したあと、そのままおき火の上に載せて乾燥させたり、塩味を付けて煮上げたあと、天日乾燥したりして保存することもある。

大型の食用イモムシは、種類を問わなければ、一〇月中旬から翌年の二月末まで、約五ヵ月間、採集することができるのだが、ベンバの人びとが強い情熱をかたむけて、採集活動をするのは、チプミとムンパだけである。チプミもムンパも、一〇月末から一一月にかけての短期間に集中して発生する。食感の点からは、刺のないチプミが好まれる。「肉よりもはるかにおいしい」「もし、これから一生一種類のおかずしか食べてはいけないといわれたら、私は肉や魚よりチプミを選ぶ」と圧倒的に高い評価が定着している。ムンパのように硬い刺を持つ食用イモムシは、採集したあとの加工作業の時にイモムシの刺が手の指にささってたいへん痛む。そこで、このような硬い刺を持つイモムシの内臓を出す時には、木の葉にくるんで、刺に直接ふれないようにする。しかし、大量に採集した時には、この加工作業が追いつかないので、木の葉にくるむ手間を惜しんで、素手で内臓出しをすることが多い。この時期、ムンパを採集する人びとの手は、刺のささった傷あとにイモムシの体液がしみ込んで、入れ墨をしたように見える。また、傷の痛みをやわらげるために、毎晩、両手を熱い湯にひたす光景が見うけられる。硬い刺のある食用イモムシは、調理の前に、乾燥した状態のイモムシをざるや箕に入れてざらざらと動かし、刺の突起を取り除く下ごしらえの作業が必要で手間がかかる。それにもかかわらず、食味については、「刺のあるぶん、皮が柔らかくておいしい」といわれている。

チプミとムンパの分布には地域差があり、ムンパは、おもにザンビア北部州の州都であるカサマ（Kasama）の付近に多く、チプミの分布は、北部州の南端に当たるムピカ（Mupika）県やチンサリ（Chinsali）県に限られている。ムンパもチプミも当たり年とそうでない年があるものの、ムンパは、当たり年と平年との発生量がそれほど違わないので、毎年、比較的安定した採集量を確保できる。それに対して、チプミは、当たり年と平年との差がきわめて大きいので、チプミの当たり年にかける人びとの情熱には、並々ならぬものがある。ほかの食用イモムシや食用コオロギが、それぞれの家の必要に応じて、個別的に採集されるのに対して、チプミの当たり年には、村のほとんどの世帯が森に移住して、大々的にイモムシ採集が執り行なわれる。さらに、チプミは、ベンバの祖霊信仰とも密接に関わりを持っており、単なる食料とはいえないほどの扱いを受けている。

次項では、筆者が住み込んでいたムピカ県の村の事例に基づいて、チプミの採集活動について詳しく述べることにしたい。

(e) ベンバの村人とチプミ

最も好まれるチプミ　チプミは、ヤママユガの一種の幼虫で、その体は鮮やかな黄緑色をしている（図59）。皮は丈夫で少し堅いが、刺も毛もないので食べやすく、大型なので「食べた」という満足感のあるイモムシである。一二種類の食用イモムシのなかでも、ベンバの村びとが最も好むものだといってよいだろう。

図59　ベンバの好むチプミ（食用イモムシ）
（京大　掛谷誠氏撮影）

チプミが好まれるのは、発生する時期のタイミングとも関係している。すでに述べたように、このイモムシが発生するのは、乾季から雨季への季節の変わりめである。一〇月中旬から一一月初めのこの時期は、焼畑の火入れが終わり、播種で忙しくなる一一月を目前にして、ほんのいっとき、ほっと休むことのできる時である。出作り小屋に移住していた村びとも、本村へ戻ってくるので、久しぶりに村が人声に湧き、活気づくのである。あちこちでシコクビエ酒が醸され、酒宴や儀礼が催される。また、農繁期には力を入れない、狩猟などが盛んに行なわれる。

食生活の面でも、乾季の単調な食生活から、雨季のバラエティに富んだ食生活への変わりめに当たるのがこの時期である。半年にわたる長い乾季の間に、青々とした野菜は乾いて枯れてしまうので、七月から一〇月までの二〜三カ月にわたって、キャッサバの葉やムレンブエと呼ばれる野生の植物が延々と食卓にのぼり続ける。変わりばえのしないおかずに、飽き飽きしている村びとたちは、このイモムシが食卓に顔を出すと、「ああ、やっと歯ごたえのあるご馳走の季節がやってきた」と大歓迎する。そして、その歯ごたえを楽しみながら、「いよいよ、おいしいものがいろいろ採れる雨季が来るのだ」と季節の移り変わりを実感するわけである。栄養面からみても、このイモムシは、多くのタンパク質を含んでいる。一九八四年に採集したチプミを日本に持ち帰って成分分析を依頼したところ、乾燥重量一〇〇グラム当たり、六五グラム以上のタンパク質があることがわかっている。

チプミの採集方法　チプミを採集する方法は、次の三種類である。村びとは、この三種類の方法を、チプミの発生量や、チプミのいる木の大きさに応じて使い分ける。

①クオンガミカ・イミティ（kuongamika imiti；ベンバ語で「木々を折り曲げる」という意味）：チプミのいる木が、低くて細い場合は、幹の上の方をつかんで木を折り曲げ、枝先の葉にいるイモムシを採集する。道具を何も使わない方法である。

②クテマ・イミティ（kutema imiti；ベンバ語で「木々を伐採する」という意味）：チプミが大木についている場合には、斧を使って、その木を根元から伐採する。倒れた木の枝からチプミを採集

する。

③クコラ・ム・チリンディ（kukola mu cilindi；ベンバ語で「穴の中からイモムシを採る」という意味）：これは、チプミが大発生した年に限ってできる、特殊な方法である。チプミの食草は、ベンバ語の方名でムトンド *Julbernardia paniculata* と呼ばれるマメ科の樹木なのだが、チプミが大発生した年には、一〇月も末になると、森中にあるムトンドの葉が食べつくされる。食欲旺盛なチプミは、手当たりしだいにほかの木の葉を食べ始めるので、木々の葉が残り少なくなり、森の中の日陰がなくなるという。おりしも、季節は一年中で最も暑い時期である。正午から午後二時頃、一日中で最も陽射しのきつい時間になると、チプミたちはその暑い陽射しを避けるために、地上に降りてきて穴を掘り、そこに何十四も集まって涼むのだという。この時をのがさず、穴の中に集まっているチプミを一挙に採集する方法が、この「クコラ・ム・チリンディ」なのである。

以上の三つの採集方法のうち、②のように斧で木を伐採したり、③のように穴に集まるチプミを採集したりする方法は、チプミの発生量が少ない年にはほとんど見られない。

チプミの採集量は当たり年と平年とでは大きな違いがある。平年の一世帯当たりの採集量は、乾燥重量にしてせいぜい二〜三キログラムしかないが、当たり年には、少なくとも、一〇キログラムから三〇キログラム以上の収穫がある。乾燥したチプミは、一匹で約〇・五グラムであるから、当たり年には、一世帯当たり二万匹から六万匹以上ものチプミを採集していることになる。

チプミの採集地　村びとが好むチプミの採集地は、次の二種類に大別できる。一つは、作物を作らなくなってから一〇年ほどたった焼畑の跡地である。焼畑の跡地にいちはやく再生しはじめるのは、チプミの食草であるムトンドである。しかもムトンドの密度は、焼畑が休閑に入ってから一五年くらいまでの間は、ほかの樹種よりずっと高い。そのうえ、焼畑の跡地に再生したムトンドは、生え始めたばかりで樹高が低く、細いので、何も道具を使わず、手軽に採集ができる。焼畑の跡地は、集落に近い場所にあることが多いので、採集にも出かけやすい。そのため、ここでは、おもに毎日のおかずのためのチプミがこまめに採集される。チプミの発生量が平年の時には、この焼畑の跡地でだけ、各世帯が個別に採集活動を行なっている。

もうひとつの採集地は、村から三〇～五〇キロメートルほど離れた森林保護区や、人の住まない奥地にあるミオンボ林などである。それらの場所には、焼畑の跡地ほど密度は高くないが、ムトンドの大木が生えている。ここでは、チプミの当たり年にだけ、採集が行なわれる。当たり年には、ほとんどの村びとが、このミオンボ林の中に仮小屋を作って移住し、大々的な採集活動をくりひろげる。

チプミのライフサイクル　表4に示したのは、ベンバの村人が説明してくれたチプミのライフ

表4　チプミのライフサイクル

時期	名称	成長段階	説明
初めての降雨（10月中旬）	ナムンパピラ	成虫（蛾） 産卵	雨を感じて出てくる ムトンドの葉の裏に産卵
	アマニ	卵 孵化	白いビーズのような卵
	チプミ	幼虫	雨を飲んで育つ
11月	ムポーショロ	蛹になる直前	動かず，葉も食べない
	ムスングウェスングウェ	蛹	自分で土中に潜り，蛹になる

サイクルである。ムトンドの葉をたくさん食べて大きくなったチプミは、一一月半ば頃になると、自分で穴を掘って土の中に潜り、蛹になって次の年の雨季を待つ。次の年の一〇月半ばに、雨季の到来を告げる初めての雨が降ると、その雨を感じたチプミは土の中から這い出て、蛹からナムンパピラ（Namumpapila）と呼ばれる成虫の蛾に羽化する。一二種類の食用イモムシが「フィシム」と総称されるように、それらの成虫もまた「ナムンパピラ」と総称されている。

蛹から羽化したナムンパピラは、ブッシュの中を飛び回って、ムトンドの葉の裏に白いビーズのような卵を産み付ける。産み付けられた卵は、数日のうちに孵化する。卵から孵化したチプミは「雨を飲んで育つ」といわれ、順調に雨が降れば、孵化してから一～二週間で採集可能な大きさになる。チプミを採集できるのは、それからチプミが蛹になって土の中に潜るまでのせいぜい二～三週間なのである。

チプミは祖霊の化身　チプミの成虫であるナムンパピラは、

白い大きな翅に赤い目玉模様のある美しい蛾である。チプミの成虫は、ベンバの祖霊の化身だと言い伝えられている。それは、チプミの成虫が白い翅を持つことと、チプミの羽化と産卵、孵化の時期が、ちょうど雨季の入りと重なっていることに深く関係している。

バンツー系の人びとの社会で一般的なように、ベンバでも、「白」は、聖なる力を持った色であり、祖霊や精霊が好む色と考えられている。そのため、農作物の収穫祭などの時には、白い布や白いビーズ、白い鶏や白い豆などが供物として祖霊に捧げられる。また、祖霊に関わる儀礼にたずさわる者たちは、体や顔を白く塗ったり、白い衣装や装身具を身につけたりする。祖霊が好む色を使うことによって、祖霊を喜ばせ、その庇護を得ることができるといわれるからである。

ベンバの祖霊は、ふだんはミオンボ林の中に住んでおり、時おり、動物や風に姿を変えて、人間の前に姿を現すといわれている。祖霊が好んで変身する動物は、ライオンやヒョウ、ニシキヘビなどと決まっているのだが、それ以外の動物になることもあるという。その時、祖霊が変身した動物の全身または身体の一部には、はっきりそれとわかる白い印が付いているといわれる。チプミの成虫が持つ白い大きな翅は、祖霊が変身した印であり、産み付ける卵は、真っ白なビーズのようで、祖霊の持ち物をそのまま連想させるのである。雨季入りの頃のミオンボ林を、はたはた、はたはた、と飛びまわるチプミの成虫の白い大きな姿は、そんな話を知らない人間の目にさえ、不思議な威厳をもって映る。

チプミの成虫が祖霊の化身であるといわれるもう一つの理由は、その羽化と産卵、孵化の時期が、雨季の入りに重なっていることと関わっている。チプミは雨季の入りを告げる初めての雨が降った直後に羽化して、産卵する。そして孵化した幼虫は「雨を飲んで育つ」。つまり、順調に育つチプミの姿が見られるということは、きちんと雨が降っているということなのである。今年はちゃんと雨が降るか、十分な日照があるかは、播種の時期を目前にした村びとの重大な関心事である。チプミの生育は、そんな村びとの関心を占う指標でもあるのだ。祖霊信仰を軸としたベンバの伝統的な世界観では、祖霊が、農作物の出来に大きな影響を与える雨や日照、風などを支配していると言い伝えられてきた。チプミの成虫の姿は、今年の雨や日照についての祖霊からのメッセージだと説明されるのである。

祖霊の化身という特別な意味を与えられたチプミの採集には、さまざまなタブーや約束事がある。それを守らないと祖霊の怒りを買い、取り返しのつかない災厄が訪れると戒められている。たとえば、チプミのナムンパピラは、見かけても、捕らえようとしたり、いたずらしたりしてはならない。すると祖霊が怒り、その年のチプミは皆無になるという。また、チプミの採集には、「口開け」のような慣習がある。その年最初のチプミは、まず、村長のもとに届けられ、祖霊をまつった祠に捧げられる。この手順をふんで初めて、村びとがチプミを採集できるのであって、個々人が勝手に採集を始めることはできない。

森に移住して採集活動をする場合には、もっと厳しい作法を守らなければならない。たとえば、チプミを採集している時には、他人と喧嘩をしてはならない、目上の者に対して失礼な態度をとってはならない、などがある。さもないと、祖霊が怒って、大風が吹き、それまでたくさんいたチプミを「隠してしまう」。あるいは、タブーを破った人間を神隠しにしてしまう、といわれている。

さまざまなタブーのなかでも、最も堅く禁じられているのは、男女の間の性交渉である。森に移住する前日から村に帰る日までは、たとえ、夫婦であっても性交渉をもってはならない。ベンバの教えによれば、性交渉は人間の身体を極度に「熱く」するといわれ、その「熱さ」が祖霊の住む森の「冷たさ」を乱して汚すのである。祖霊はその住処が汚されたことに激怒して、ライオンやヒョウや毒蛇などに姿を変えて、タブーを犯した本人たちだけでなく、まわりの人間をも無惨に殺して罰を加える。その怒りが激しい時は、大風が吹いてイモムシがいなくなったり、雨季になっても雨が降らず、焼畑の作物が穫れなかったり、村中に疫病がはやったりして、村が絶滅するほどの災難が訪れるといわれ、恐れられている。チプミは、ふだんはそれほど意識しない祖霊の存在やベンバのもつ世界観を思い出させる役目も果たしている。

チプミ採集行　雨が降り始めると、人びとは、ナムンパピラを見かけたというニュースを心待ちにし、畑仕事の行き帰りには、必ず道ばたにあるムトンドの葉を裏返して、卵が産みつけられているかどうかを確かめる。「今年はチプミが多そうだ」とわかると、村の青年有志が、村から三〇キロメートルほど離れた森林保護区まで、泊まりがけの偵察行に出かける。青年たちが村を離れるや、朝から晩まで、村中が、チプミがいるかどうかの話題でもちきりになり、「いる」「いない」の議論が繰り返されて、人びとの期待はいや増していく。

村の偵察隊が帰ってきて、「チプミが大発生している」と報告されると、すでに目いっぱい高ぶっていた人びとの心は森林保護区に飛んでしまい、村は急に落ち着きをなくす。女性たちは、朝も暗いうちから起きだし、シコクビエなどの粉挽き作業に何時間も取りくむ。できた粉が、移住先での主食になるのだ。そして、森で暮らすのに十分な量の粉が準備できるのを待ちかねては、つぎつぎに森林保護区に移住していく。持っていく荷物は、主食用の粉と調理に使う鍋、採集に使う斧と、バケツなどの容器である。ふだんなら、日中の暑さをさけるため、日が落ちてから村を出発し、夜通し歩いて目的地に着く、というスケジュールを組むが、チプミ採集の最盛期になると、日中の暑さなど気にしている余裕もなくなるらしい。森林保護区に向かう道を昼と夜とを問わず、あちこちの町や村からチプミ採集のために移住する人びとが行き交い、人びとを運ぶ車が頻繁に往来する。村に残るのは、採集に役だたない小さな子どもたちと、その世話を任された老人たち、人びとが飼っているニワトリと犬だけで、すっかり閑散とした趣になる。一方、森林保護区は、遠くは七〇キロメートルも歩いてきたという人びとを含め、さまざまな村や町から集まった人びとの仮住まいが密集して建ち並び、それはもう、大にぎわいを見せる。

いろいろな所からやってきた人びとでにぎわう森では、朝五時前から採集活動が始まる。まだ日の昇らないうちに大急ぎで食事を作り、お腹に詰め込めるだけ詰め込むと、食後に手を洗うのさえもどかしげに、採集に出発する。低い木は折り曲げ、高い木は伐採して、競争のようにチプミ採集は進む。持っている用器が採集したチプミで一杯になると、木陰に座ってチプミの内臓を出してかさを減らし、さらに夕方まで採集を続ける。この間、普通は昼食も食べないし、水もほとんど飲まないで、ひたすら採集に専念するのである。夕刻になると人びとは、三々五々野営地に戻る。食事をとった後、内臓を出したイモムシを火の上に広げて乾燥させ、村から持ってきた麻の袋に詰めて保管する（図60）。この作業は村から持参した主食用の粉がなくなるまで、一週間から一〇日以上にわたって、毎日繰り返される。

「ブッシュに町がやってくる」　ベンバの村びとがこれほどチプミに執着するのは、チプミが副食として重要だからだけでなく、高い値段で売れるからである。チプミが大発生した年には、それを採集する人びとだけでなく、採集したチプミを買い付ける商人たちが森にやってきて店を開く。店では、鍬や斧などの農具、衣類、靴、アクセサリー、自転車、毛布、塩、砂糖、食用油、ビール、コーラ、お菓子、パンなど、生活必需品から贅沢品まであらゆる品物が売られる。人びとは、乾燥したばかりのチプミをこれらの品じなと交換する。そして、チプミをおかずにした食事の合間に、ふだん村では口に入ることのないビールやコーラ、菓子、パンなどをたらふく食べるのだという。より多くのチプミを採ればそれだけ多く贅沢なものを食べ、新しい農具や衣類を手にすることができるのだから、人びとの目の色が変わるのも無理はない。

図60　採集したチプミ（バケツの中）と内蔵だし処理をしたチプミ（葉の上）

この時期は、日中の気温が四〇℃近くにまであがり、突き刺すような陽射しが照りつける。そんな暑さのなかで、長時間にわたって行なわれるチプミの採集は、それはそれは厳しい作業なのだが、人びとは、まるで何かに憑かれたようになって、疲れ知らずで採集を続ける。採集を続ける人びとの後ろには、チプミを採るために伐り倒されたムトンドの大木がごろごろ転がっている。この時期の森には、見知らぬ人びとが大勢集まり、さまざまな店が出、ビールの酒宴が続き、そして時には人さらいまで出るという。このことを指してベンバの村人は、

「チプミの採集期にはブッシュに町がやってくる」と表現する。

森の中に開かれた店の商品と交換するチプミは、重さではなく、かさで計られる。計量に使われるのは、プラスチック製のコップやボウル、エンジンオイルの空き缶、バケツなどで、どの商人もだいたい同じ容器を使っている（図61）。一九九二年の観察をもとにして、その交換比率を示したのが、表5である。たとえば、六〇〇ミリリットル入りのボウルを乾燥したチプミで山盛りにすると、子ども用の運動靴と交換できる。重さに換算すると、およそ一〇〇グラムていど、約二〇〇〇匹の乾燥したチプミが必要である。二リットル入りのエンジンオイルの空き缶を山盛りにすると、子ども用の新しいTシャツまたはショーツ、または砂糖一キログラムが買える。四・五リットル入りのエンジンオイル缶山盛りのチプミは、女性用のハーフペチコート、スカーフ、ワンピース、そしてソフィアと呼ばれる塩化ビニール製の靴などと交換できる。四・五リットル入りのエンジンオイル缶一杯分にボウル一杯分のチプミを加えると、

図61　空き缶を用いて乾燥チプミを計量する

表5　チプミと品物との交換率（1992年）

乾燥チプミの量	交換できる品物
カップ1杯（200ミリリットル）	現金200クワチャ（ザンビア通貨）
ボウル1杯（600ミリリットル）	子ども用の運動靴
ガロニ（1ガロン入り缶）半分（2リットル）	ショーツ，子ども用のTシャツ，砂糖1キログラム
チコポ（エンジンオイルの缶）1杯（3リットル）	現金800クワチャ，棒石鹸，砂糖2キログラム，ベルト（バタフライ）
ガロニ（1ガロン入り缶）1杯（4.5リットル）	塩化ビニール製の靴（「ソフィア」），ハーフペチコート，スカーフ，ワンピース
ガロニ1杯＋ボウル1杯（5リットル）	最新の柄のチテンゲ
バケツ1杯	中古の男性用ズボン，新品の毛布，鍬

最新流行の柄のチテンゲ（女性が巻きスカートのようにまとう一枚布）を手に入れることができる。バケツ一杯を山盛りにすれば、中古の男性用ズボン、新品の毛布、鍬などの大物が買える。九〇キログラムのトウモロコシを入れる麻袋一つ分（乾燥したチプミの重量で約三〇キログラム）ならば、新品の自転車を手に入れることができる。しかし、自転車やズボン、毛布などは、よほど採集量が多かったか、ほかの物は買わないと決めた世帯が購入するだけで、普通は、靴やチテンゲ、ハーフペチコートなどが人気の定番商品となる（図62）。

このような定番商品のほかに、それぞれの年には、流行の商品がある。一九九二年に人気を博したのは、バタフライと名づけられた女性用のベルトだった。これは、大きなチョウの形をしたバックルが付いている派手なベルトである。見た目がゴージャスなわ

図62　チプミと交換して入手した品物（ハーフペチコート，パン，ジュースなど）を披露する女性たち

りに、三リットル缶を山盛りにすれば買える手頃な値段だったので、筆者の住み込んでいた村では、四〇歳以下のほとんどの女性がこのバタフライを買った。

一つの世帯ではどのくらいの品物を手に入れられるのだろうか。一九九二年に、乾燥重量で一七キログラムのチプミを採集したA家では、バタフライと呼ばれる例のベルトを二本、チテンゲを一枚、ワンピースを一着、ハーフペチコートなどの女性用下着を三着、子ども用のTシャツを二枚、入手した。このほかに、この家の一二歳になる長男は、森に移住して採集した分に加え、森から戻ってからも村の近くでこまめにチプミを採集し、これを現金に換えて大切に貯金した。そして、ある日、町まで出かけていって、長いこと欲しくて仕方がなかったぴかぴかの黒い革靴を買ってきた。

しかしながら、こんなにいろいろな品物が買えるほどのチプミが採れる当たり年は、そう頻繁にあるわけではないし、当たり年の間隔も定まってはいない。A家を中心に、ほかの村びと

表6　チプミの当たり年と交換した品物（A家の事例）

年	発生の状況	交換した品物
1974	大当たり	自転車，毛布，家族全員の新しい服，チテンゲ，男性用ズボン，鍬2本
1978	大当たり*	チテンゲ，服、夫と妻の靴
1980	当たり	チテンゲ4枚
1990	当たり	チテンゲ，子どもたちの下着，鍬
1992	当たり	ベルト2本，古着ワンピース，チテンゲ1枚，子ども用Tシャツ2枚，女性用下着3着，革靴**

*1978年は大当たりの年だったが，そのわりに入手した品物が少ないのは，主人が浮かれて酒を飲み過ぎ，採ったチプミの多くがその代金に消えてしまったためだそうである。
**この革靴は，A家の長男があとで採集したチプミの代金を加えて購入した。

からも聞き取りをしたところ、近年では一九七四年、七八年が大当たりの年で、一九八〇年、九〇年、九二年、九三年がまあまあの当たり年だったという（表6）。なかでも、一九七四年は、村の誰もが今もなお、語り草にするほど大当たりだった年で、A家では、自転車一台、ぶ厚い毛布を一枚、家族全員に一枚ずつ新しい衣服を買ったうえに、チテンゲ一枚、新しい男物のズボン一着、そして新品の鍬二本を手に入れたという。

このように、人びとはいついつの年にあれとこれを買った、森でこんなことがあったなどを、とてもよく憶えている。また、その時に手に入れた品物を目にするたびに、チプミ採集を話題にする。そんな話の終わりには、「その年にはね、村に帰ってからだって、何カ月もおいしいチプミを食べ続けられたんだよ」という一節が、必ず付け加えられるのである。そんな話を繰り返し、繰り返し語りつぐ人びとの輪の中で、その年の採集に参加できなかった小さな子どもたちは、「いつかは自分も、ブッシュにやってくる町に出会いたい」と夢み、採集に参加した大人たちは、「また再びあの日々の来たらんことを」と強く強く願うのだ。ベンバの村びとにとってチプミの採集は、何年かに一度、気まぐれのように起こる大きな祭りであり、ふだんの生活をしていては手に入れることのできない恵みを一度に与えてくれる、夢のような機会なのである。

鉱山開発と食用イモムシの高値　さて、最後に、なぜチプミ採集がこうまで大々的に行なわれるのか、ということの社会的な背景に触れておかなければならない。村びとがいうように、「ブッシュに町がやってくる」ようになったのは、そう古い昔のことではない。それは、道路が拡張されて、自動車が頻繁に往来するようになった、ここ三〇〜四〇年のことである。また、そうして商人たちが買いつけに来るほど、食用イモムシの需要があるのは、ザンビアにおける都市化の歴史が強く影響している。

イギリスの植民地だった当時のザンビアは、北ローデシアと呼ばれ、植民地政府のもとで盛んに銅鉱山の開発が行なわれた。とくに、一九二〇年代以降、コッパー・ベルトと呼ばれる銅鉱山地帯の開発が急速に進み、いくつもの都市ができた。この銅鉱山地帯に、鉱山労働者として入り込んだのが、ベンバをはじめとする北部州の農民たちだった。銅の生産は、イギリスからの独立後もザンビアの経済の中心となっており、ベンバを中心とする労働者たちがその生産を支え続けていたのである。現在の北部州の村むらで聞いてみると、六〇歳代以上の男性では、ほとんどすべての人が、一度は鉱山地帯に働きに行った経験をもっている。また、現在、コッパー・ベルトで日常に使われている言葉が、ベンバ語であることからも、その歴史的事実があとづけられる。

ザンビアでは、現在、総人口の半数近くが都市部に住んでいるといわれている。これらの都市には、銅鉱山労働者として多数のベンバが流入したが、そのような歴史的経緯を背景として、現在の都市住民のうち、かなりの割合をベンバまたは、ベンバ系の人びとが占めているともいう。これらの人びとにとって、チプミなどの食用イモムシは、忘れられない故郷の味なのである。現在の都市部に住むベンバのなかには、そこで生まれ育った二代目、三代目も多い。彼らは、生きたイモムシなど、見たことも触ったこともないという根っからの「都市住民」だけれども、その彼らにとっても、食用イモムシは、自分たちの両親や祖父母が珍重し、好んで食卓に載せる「お袋の味」として、なじみ深いものなのである。また、これらの都市で、ベンバの人びとと日常的に交流したり、結婚したりすることによって、昆虫を食べる習慣のない民族集団の人びとにも、食用イモムシの味が広まっている。そんなわけで、大きな都市の市場では、イモムシの季節になると、山盛りの乾燥イモムシが並べられ、村での値段の一〇倍近くという高値で取り引きされている。

北部州のベンバの村で見られる食用イモムシ採集のにぎやかさは、ザンビアの都市化の歴史を背景として、都市住民の間に広まり受け継がれている「昆虫を食べる文化」に支えられた、きわめて現代的な様相なのだといえる。

（杉山祐子）

第九章　虫の栄養

昆虫の体はタンパク質、脂肪、炭水化物、ビタミン、ミネラルを含み、われわれが日常食べている獣肉、鳥肉、魚肉と類似の構成である。したがって昆虫の体には人が必要とする栄養のほとんどがあるといってよい。それでいわゆる救荒食となったりして、人の命を救うことができるのである。昆虫を食べて餓死を免れた例は、第二章にも書いたとおりである。問題は栄養物質の質と量的バランスであるといえる。これら栄養物質の質や量的バランスは当然昆虫の種類によって異なっている。それは分析された昆虫の化学組成を見ると、よくわかる。したがって昆虫によって栄養価がかなり異なることになるが、それは昆虫の多様性を考えれば当然のことといえる。日本で食べられている昆虫では、カイコガ蛹とイナゴが栄養価が高いとされており、カイコガ蛹三個は鶏卵一個分の栄養価があるといわれている。カイコガ蛹は太平洋戦争の戦中、戦後、国民の栄養に寄与した。アフリカでは旱魃で食料がなくなり飢えている時、飛蝗が大発

表7　各種食用昆虫に含まれるミネラル（100グラム中のミリグラム数）

	カルシウム	マンガン	鉄	燐	硫黄	マグネシウム	銅
サバクトビバッタ雄	37	1	36	56	32		
サバクトビバッタ雌	17	1	27	44	32		
シロアリ（*Macrotermes subhyalinus*）	40		7.5	438		417	13.6
ヤママユガの１種（*Imbrasia ertli*）	50		2.0	546		231	1.4
ヤママユガの１種（*Usta terpsichore*）	355		35	695		54	2.4
ヤシオサゾウムシの１種（*Rhynchophorus phoenicis*）	186		13	314		30	1.4

生して襲来することが歓迎される。バッタは乾燥重量の約半分がタンパク質で、脂肪も多く、またバッタには各種のミネラルが含まれていて、栄養価が高い。

(a)　ミネラル

昆虫の灰分はおおよそ乾燥重量の数％である。もちろん種によって含量も異なるし、灰分を構成している無機物の種類やバランスも異なる（表7）。分析されたサバクトビバッタとイナゴの無機物を見ると、共通して最も多いのは燐の化合物である。その他サバクトビバッタからは、カリウム、カルシウム、ナトリウム、リチウム、バリウム、マンガン、鉄、銅、硫黄、チタン、シリカ、ストロンチウムが検出されており、イナゴからは、カリウム、ナトリウム、シリカ、アルミニウム、鉄、カルシウム、マグネシウム、マンガン、チタン、銅、硫黄などが検出されている。ナトリウムはかなりの比率を占めるが、塩化物として存在する量は少なく、昆虫の体液中の塩化ナトリウム濃度は非常に低いので、昆虫を味付けせずに食べると味がないとか、やや甘いといわれるのはこのためであると思われる。一般に昆虫は人が必要とするミネラルをかなり含んでおり、ミネラル源としても評価されよう。アンゴラ産ヤママユガ *Usta terpsichore* の幼虫は鉄、銅、亜鉛を多く含み、煮た幼虫一〇〇グラムに含まれるこれらの金属は、人の一日の必要量を上回る。シロアリ *Macrotermes subhyalinus* の有翅成虫はマグネシウムと銅、ヤシオサゾウムシ *Rhynchophorus phoenicis* 幼虫は亜鉛を多く含む。ザイール産のケムシ、イモムシ二一種のミネラルを分析した結果によると、これらの幼虫は鉄分を多く含み、それぞれ一〇〇グラムの虫は大人の一日の必要量の三倍以上を含んでいたということである。

(b)　炭水化物

昆虫に含まれる炭水化物は少なく、栄養学的には見るべきものはない。最も多い炭水化物は皮膚を形成しているキチンであるが、人はキチンを食べても消化できない。

(c)　タンパク質

昆虫のタンパク質含量はかなり高く、多くの種で乾燥重量の六〇%以上もある（表8）。タ

表8　各種食用昆虫のタンパク質および脂肪の含量

（乾燥重量に対するパーセント）

	タンパク質	脂肪
モパニィワーム（*Goninblasia belina*）	63.0	17.0
ハスモンヨトウ近似種（*Spodoptera frugiperda*）	57.8	20.2
シャチホコガの１種（*Anaphe venata*）	60.1	23.2
ヤママユガの１種（*Cirina forda*）	62.31	12.49
ヤママユガの１種（*Imbrasia epimethea*）	64.5	9.11
セセリチョウの１種（*Aegiale hesperiaris*）	30.9	58.6
ボクトウガの１種（*Cossus redtenbachi*）	30.2	56.8
シロアリの１種（*Macrotermes subhyalinus*）	38.42	46.1
ヤシオサゾウムシの１種（*Rhynchophorus phoenicis*）	20.34	41.73
イナゴ	68.1	4.0
サバクトビバッタ	51.5	10.7
ミズムシの１種（*Atizies taxcoensis*）	70.3	
アリの１種（*Liometopum apiculatum*）	66.9	12.1
ビーフ	81.1	14.9
ポーク	23.01	75.14
チキン	73.21	23.21

ンパク質の質については、たとえばアミノ酸の供給源としては、イエコオロギは大豆タンパクに勝り、モルモンクリケットは大豆タンパクと同じくらいと評価される。しかし、牛肉や豚肉などの動物タンパク質に比べると、アミノ酸源としての評価は少し劣る。これは昆虫には人が消化できない窒素化合物であるキチンが多く含まれているためだと考えられる。もしこのキチンを取り去れば、昆虫は肉と同様なタンパク質を供給することができるであろう。タンパク質の質的な違いは、タンパク質を構成しているアミノ酸の種類とアミノ酸相互の量的バランスによる。昆虫のタンパク質を構成するアミノ酸の特徴は、一般にメチオニン、シスチン、トリプトファンなどが少なくリ

表9　各種昆虫のタンパク質に含まれる必須アミノ酸
（タンパク質1グラム中に含まれるミリグラム数）

必須アミノ酸	Arg	His	Iso-l	Leu	Lys	Met	Phe	Thr	Try	Val
セクロピア蚕	53	27	33	51	44	14	43	41	ND	45
タバコスズメガ	53	37	43	68	71	18	47	41	ND	66
ハスモンヨトウ近似種（*Spodoptera frugiperda*）	67	38	44	77	77	24	49	51	ND	52
ヤママユガの1種（*Imbrasia ertli*）			36	37	39	16	17	41	8	42
ボクトウガの1種（*Cossus redtenbachi*）	60	16	51	79	49	8	40	47	6	61
バッタの1種（*Sphenarium histrio*）	66	11	53	87	57	7	44	40	6	51
シロアリの1種（*Macrotermes subhyalinus*）			78	59	64	12	33	29	5	55
ハキリアリの1種（*Atta mexicana*）	47	25	53	80	49	19	41	43	6	61
アリの1種（*Liometopum apiculatum*）	50	29	49	76	58	18	39	42	8	60

Arg：アルギニン；His：ヒスチジン；Iso-l：イソロイシン；Leu：ロイシン；Lys：リジン；Met：メチオニン；Phe：フェニルアラニン；Thr：トレオニン；Try：トリプトファン；Val：バリン
ND：検出されなかったもの

ジンとトレオニンが多いことである。リジンやトレオニンはコムギ、コメ、トウモロコシなど穀類やキャッサバには非常に少ない。したがってこれらの植物を主食とする地域では、昆虫を食べることは栄養上たいへん重要であると考えられる。一般に昆虫タンパク質のアミノ酸組成は、牛肉や豚肉に比べ、劣るものが多いといわれるが、なかには哺乳類の肉のアミノ酸組成に近いものもある。たとえばイエバエのタンパク質は牛肉タンパク質の組成に似ているといわれている（表9）。

(d)　脂肪

昆虫によってはタンパク質含量より、

表10　各種昆虫のカロリー（乾燥重量100グラム中のカロリー数）

セクロピア蚕幼虫	358
タバコスズメガ幼虫	418
ハスモンヨトウ近似種（*Spodoptera frugiperda*）幼虫	443
シャチホコガの1種（*Anaphe venata*）幼虫	610
ヤママユガ幼虫（23種の平均）	457
セセリチョウの1種（*Aegiale hesperiaris*）	593
モルモン・クリケット幼虫	345
バッタの1種（*Sphenarium mexicanum*）幼虫・成虫	438
シロアリの1種（*Macrotermes falciger*）	761
シロアリの1種（*Macrotermes subhyalinus*）	613
ミツバチ幼虫	475
イエバエ幼虫	499
アリの1種（*Liometopum apiculatum*）幼虫・蛹	499
チャイロコメノゴミムシダマシ幼虫	553
卵白	570
卵黄	800

脂肪含量の方が多いものもあり、昆虫の栄養価を評価するうえで、脂肪は重要である。脂肪はカロリー源であり、脂肪含量が多い昆虫は概してカロリー価が高い（表10）。飢餓はタンパク質欠乏と同様にカロリー欠乏の問題でもあるので、脂肪含量は貧栄養状態の人びとにとっては重要な要因となる。昆虫体内では、組織の随所に脂肪体が見られる。高等動物で脂肪体と呼ばれているものと異なり、昆虫の脂肪体は脂肪の塊ではなく、脂肪細胞からなる組織である。脂肪体はエネルギー源として脂肪を貯蔵しているが、タンパク質合成の組織でもあり、機能的には高等動物の肝臓に似ているといわれている。このような組織が発達している昆虫が多いので、脂肪含量も多いことになる。もちろん脂肪含量は昆虫の種類によってかなりの違いがあるが、

シロアリやケムシ、イモムシ類は一般に脂肪含量が多い。メキシコ国立自治大学のラモス・エルルデュイ教授によると、豚肉以外では、動植物食物を通じて、最もカロリーの高いのは大豆で一〇〇グラム当たり四四六キロカロリーであるが、分析した昆虫の半分が大豆よりカロリー値が高かったということである。脂肪の栄養価はカロリーばかりでなく、それを構成している要素、すなわち脂肪酸、グリセリド、ステロール、燐脂質などのバランスで質的な違いが出てくる。昆虫の脂肪にはオレイン酸、リノール酸、リノレン酸など炭素原子を一八個もつ脂肪酸でしかも炭素原子間に二重結合を一個から数個持つ、いわゆる不飽和脂肪酸類が比較的多く含まれている。甲虫の幼虫は一般にリノール酸に富み、ケムシ、イモムシ類はリノレン酸を多く含む。これらの脂肪酸は燐脂質やグリセリドなどを構成している。また、炭素数二〇のアラキドン酸とか、アラキドン酸からできるエイコサペンタエノイック酸、炭素数二二のドコサヘキサエノイック酸などを含むものも多いが、これらの脂肪酸はイワシなどに多く含まれていて、人の健康上有益だといわれているものである。昆虫に含まれている脂肪は通常われわれが食べている脂肪に近く、たとえばイエバエ蛹の脂肪酸組成は、不飽和脂肪酸の含量では魚の脂肪酸組成に似ているといわれている（表11）。またコレステロール含量が一般に低いのも昆虫脂肪の一つの特徴といえよう。昆虫はステロールを合成できない。しかし、昆虫の細胞の膜を作るのにステロールは必要なのである。また脱皮ホルモンであるエクダイソンを合成するためにも

表11　各種昆虫全脂肪中の脂肪酸の割合（%）

脂肪酸	ラウリン酸	ミリスチン酸	パルミチン酸	パルミトオレイン酸	ステアリン酸	オレイン酸	リノール酸	リノレニン酸	アラキドン酸
ヤママユガの1種（*Imbrasia ertli*）	0.5	1.0	22.0	22.0	0.4	2.0	20.0	11.0	38.0
ヤママユガの1種（*Usta terpsichore*）	0.2	2.3	27.4	27.4	0.1	1.7	27.2	2.8	7.5
ヤシオサゾウムシの1種（*Rhynchophorus phoenicis*）	0.1	2.5	36.0	36.0	0.3	30.0	26.0	2.0	0.6
シロアリの1種（*Macrotermes subhyalinus*）	0.1	0.9	33.0	33.0	1.4	9.5	43.1	3.0	0.4

そのもととなるステロールが必要である。昆虫はそれらのステロールを餌や体内に共生している微生物に依存しているのである。食肉性昆虫は動物の脂肪に含まれるコレステロールを利用する。食植性昆虫は植物性ステロールを摂取して体内でコレステロールに変える。しかし、この変換ができない昆虫もいて、そのような昆虫はコレステロール以外のステロールの形で利用している。たとえばタバコガの一種 *Heliothis zea*, アルファルファのゾウムシ *Hypera postica*, ハキリアリ *Atta cephalotes* などはコレステロールを持っていない。したがって昆虫は無コレステロールまたは低コレステロール食品として有望といえよう。

(e)　ビタミン

昆虫にはビタミンとしてレチノール（A）、チアミン（B1）、リボフラビン（B2）、エルゴステリン（D）

表12　各種昆虫のビタミン含有量（昆虫100グラムに含まれるミリグラム数）

ビタミン	VA	チアミン	リボフラビン	ニアシン	ピリドキシン	ピオチン	葉酸	パントテン酸	B_{12}
ヤママユガの１種（*Nudaurelia oyemensis*）	0.03	0.15	3.2	9.4	0.05	0.03	0.02	0.008	0.014
ヤママユガの１種（*Imbrasia truncata*）	0.031	0.27	5.1	10.9	0.037	0.045	0.037	0.01	0.025
ヤママユガの１種（*Imbrasia epimethea*）	0.044	0.17	4.0	11.0	0.063	0.023	0.063	0.007	0.015
シロアリの１種（*Macrotermes subhyalinus*）		0.13	1.14	4.59					
ヤシオオサゾウムシの１種（*Rhynchophorus phoenicis*）		3.02	2.24	3.00					

VA：レチノール（ビタミンA），B_{12}：シアノコバラミン

を含むものが多い。たとえばカイコガ蛹はレチノールを含み、バッタにはリボフラビンとニアシン、ミツバチの未成熟虫にはレチノールとエルゴステリンが多い。ミツバチ幼虫のエルゴステリンはタラ肝油に含まれているそれの一〇倍もあり、またレチノールは卵黄に含まれている量の二倍ある。メキシコ産のミズムシなど水生半翅目昆虫やカメムシもリボフラビンやニアシンが多い。ザイールで住民がよく食べるヤママユガ科幼虫を燻製にしたものや乾燥したものは、リボフラビン、ニアシンに富むが、チアミン、ピリドキシン（B６）の含量は少ない。アンゴラ産ヤママユガ科幼虫はチアミン、リボフラビンに富み、幼虫一〇〇グラムの含量はヒト一日の必要量を上回る。シロアリやヤシオサゾウムシ幼虫もチアミン、リボフラビンを多く含む（表12）。

以上を概観すると、昆虫はタンパク質と脂肪に富み、またビタミンも豊富であることから、動物食資源としての価値があるといえよう。問題はいかに安価に大量に生産あるいは採集することができるか、どのように調理して食べるかということになろう。食用昆虫を大量に飼育する場合には、その餌が直接ヒトの食料になるようなものでないことが望まれる。

第一〇章　これからの昆虫食

本書をここまで読んでこられた読者は、現在でも世界各地でいろいろな形で昆虫が食べられていることを理解されたと思う。

イギリスのホルトはその有名な小冊子『どうして虫を食べないの?』の中で、「肉が高くて買えない人は昆虫を食べればタンパク質不足にはならないのに」ということを述べている。この本が書かれた一九世紀末、イギリスは不況で農民や労働者は貧困に喘いでいた。この言葉は一見「貧乏人は虫を食え」と言っているように聞こえるが、よく読むとどこかの国の大臣が以前言った「貧乏人は麦を食え」とは発想が全く違うことがわかる。要するに、偏見のためにせっかく身近にあるタンパク質源に気がつかずに飢えているのは愚である。虫は汚くもないし、栄養もあるのだから食べたらどうだろう、ということである。

現在、昆虫はけっして安い食品とはいえないのである。いわゆる先進国の都市で売られている昆虫食品、レストランのメニューにある昆虫料理は牛肉料理、牛肉製品より高い場合が珍しくないのである。発展途上国においても昆虫はけっこう高値で取り引きされており、貨幣の代わり昆虫で税金を払ったり、他の商品を昆虫で買うということも行なわれているし、高い現金収入の源となっている所もあるのである。

　昆虫を食べようと言うと、先進国の多くの人は顔をしかめると思う。どうして昆虫はそんなに嫌われるのであろうか。大昔は、昆虫はヒトの主食であったはずである。だから本質的に昆虫を嫌ういわれはないと思うのだが。聖書には「虫は汚らわしいもので、その死体に触っても汚れる」と書かれている。すべての真理は聖書の中にあるという中世の思想が、未だに受け継がれているということだろうか。虫嫌いの現在でも、生まれつき生理的に昆虫を受け付けないという人はいないと思う。赤ん坊がまだ後天的影響にさらされない頃は、虫だって平気で口に入れ、ほっておけば食べてしまうだろう。しかし、それを見つけたお母さんは血相を変えて虫を吐き出させ、子どもから虫を遠ざけるだろう。このようにして徐々に昆虫は「汚らわしいもの」「触ってはいけないもの」という観念が形成されるのではなかろうか。ジェレミー・マクランシーによると、食習慣は幼児の頃に形成されるので、その頃食べたものがその人の嗜好を決めるようである。そこで子どもの頃イモムシを食べていた人びとが大人になって社会的、経済的環境が変わって肉が入手できるようになっても、昆虫食をより好むということが実際にあるわけである。

欧米ではこのような昆虫に対する偏見をなくそうと、キャンペーンが行なわれている。その一つは近年あちこちで行なわれている昆虫試食会である。アメリカで行なわれたそのような会で、コオロギのフライを食べた幼児が、「お母さんもう一つ食べたいの」とねだったという記事があった。子どもは正直である。うまいものは虫でもうまいのである。形などに捉われることはないのである。

前述したように昆虫を嫌いな人も、食物に混入した昆虫を知らずに食べているに違いない。だから誰でも昆虫を食べることができるはずである。昆虫にアレルギーの人もいるではないかとの反論もあろうが、昆虫に限らずサバとかイワシなどの光りものと呼ばれる魚にアレルギーの人は多いし、ソバにアレルギーの人もいる。そういう人はいわゆる特異体質であるから、昆虫アレルギーも特殊な人に限られると思う。一般には少数の有毒昆虫を除けば、たいていの虫は食べても安全なのである。

昆虫アレルギーはむしろ視覚的アレルギーではないかと思う。昆虫は小さいので、大型動物のように解体して、腿の肉とか、胸の肉とかに分けて食べるというわけにはいかない。丸ごと食べてしまうことになる。したがって昆虫の姿そのものが食べられるわけである。子豚の丸焼きが好きだという人でも、焼かれた子豚がそっくり食膳に載せられれば、「気持ち悪く」なる人もいると思う。そうであれば、姿焼きとか、姿煮というような形でなく、形をなくしてしまえば良いのではなかろうか。すなわち昆虫を食べる時は乾燥して粉末にして用いるとか、すり身にして用いるとかするわけである。このようにした昆虫をスープに入れたり、ハンバーグに入れたりした場合、果たしてどれだけの人が「あっ虫が入っている」と気がつくだろうか。イスラム教の敬虔な信者は、豚の肉が入っていなくても、豚のだしが入っていれば豚料理だとわかるということであるが、本当だろうか。

虫を忌むべきものとして教育されてきた大人に今さら虫をそのまま食べろというのは酷な話かもしれない。そこで今後タンパク質源として昆虫を利用する時は、粉末やペースト状にして使用するのが良い方法である。何も虫そのものの形をしている必要はないのである。

カナダのマッギル大学のコック博士は食用のための昆虫大量生産（飼育）法の開発に取り組んでいる。対象として選ばれた昆虫はチャイロコメノゴミムシダマシ幼虫で、これを小麦粉に五％のビール酵母を混ぜた餌で飼う。これを、試験的に一四〇枚の浅いトレーを装着した「バッチ・フェットプラグ・フロー」型と呼ばれるリアクターを用いて、連続的に飼育したところ、ホットドッグウインナーなどを作るに足りる幼虫を得ることができるようになった。この装置で飼育された幼虫を粉末にして、パンを焼く時に五％、スパゲッティ・ソースを作る時には一〇％、ホットドッグウインナーには主成分としてこれを使用したところ、それらを試食した人びとからは不快な味や匂いはないと判定され、どの製品も十分受け入れられるものだと評価された。コック博士は近未来的には貧栄養問題解決のために新しい動物タンパク質の生産システムを開発することを目的に研究しているが、もっと遠い将来的には、長期宇宙飛行中の宇宙船の中でも動物タンパク質が生産できるようにすることを目標としている。なお材料の昆虫としてはゴミムシダマシ幼虫のほか、ゴキブリも取り上げられている。

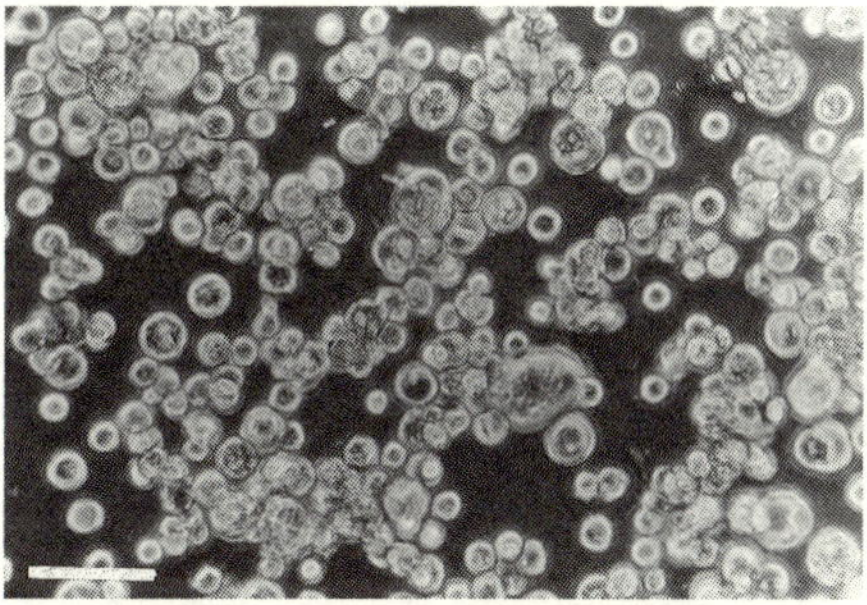

図63　培養されたハスモンヨトウ蛹卵巣由来細胞。左下の白線は0.1mm の長さを示す。細胞の直径は平均約0.02mm。

宇宙食といえば、昆虫そのものではないが、昆虫の培養細胞を食べるということも考えられよう。昆虫そのものを飼うには時間がかかるとか、全工程をオートメ化しにくいなどいろいろむずかしい点がある。そこで、昆虫体そのものでなく、昆虫の体を作っている細胞を培養液の中で増やし（図63）、動物タンパク質として利用するという方法も検討する価値があろう。現在培養されている細胞にはかなり増殖速度の速いものもあり、一日で分裂して一個の細胞が二個になるようなものもある。このような細胞は一ヵ月後には一個の二の三〇乗個（およそ一〇億個）になる計算である。通常は五×八センチメートルくらいのビンで、一〇〇万〜二五〇万個くらいの細胞を五ミリリットルくらいの培養液に懸濁して培養する。先の計算をこれに当てはめると、一個の培養ビンの細胞は一ヵ月後には約二五〇〇兆個となる。家畜などを含む哺乳類の体を作っている全細胞数は、だいたい一〇兆〜一〇〇兆個といわれているので、牛や豚などの家畜二五〜二五〇頭分の細胞ができる勘定になる。こんなに多くの細胞を小さな培養ビンを並べて培養するわけにはいかないので、初めは小さなビンからスタートしても、最後は何トンという大型のタンクを使って培養することになろう。細胞はひとりでに増えるものではない。増やすには栄養を与えなければならない。したがって培養液も莫大な量に達することであろう。そのための費用もたいへんな額にのぼる。このようにして一キログラムの細胞を作るとすると、現在では培養液の材料費だけでも五〇万円近くになり、とても高くて食用に向かない。しかしこの一キログラムの細胞を培養ビン一個から作るとすると三週間でできることになる。この増殖の速さが何といっても魅力のあるところである。しかし、そのコストを考える時、この方法を実用化するためには大量かつ安価な培養の技術確立が先決問題である。

米国航空宇宙局はかつて宇宙船内での自給自足を想定したプロジェクトで、宇宙船内での作物栽培に代わる植物の組織培養の研究を推進した。だから家畜の代わりに昆虫培養細胞を宇宙船の中で培養して、肉の代用物とすることもあながち奇異な発想ではないだろう。どうせ培養するのならば、昆虫の細胞よりウシやブタの細胞の方がよいのではないかという意見もあろうが、高等動物の細胞は、培養条件が昆虫細胞より厳密で管理がむずかしいから、昆虫細胞の方が有利だといえよう。

これまではヒトが直接昆虫を食べることだけを取り上げてきたが、消極的ではあるが、昆虫を間接的にヒトの食用に供するということもある。間接的とは何かというと、昆虫を家畜、家禽、養魚の餌として、これら食用動物を効率よく育て、ヒトの食卓に載せるということである。これまで述べてきたように昆虫の多くはそのままヒトの食料となりうるものである。したがって、家畜などの餌となすことは無駄な工程が入り込むことになるので、効率は悪くなるのはしかたがない。しかし、昆虫を食べなければ飢えてしまうという所ででもなければ、家畜の餌として間接的にでも利用した方が良いし、またすでに利用している所もある。そのための研究も行なわれている。日本では以前からカイコガの蛹をコイなどの淡水魚の餌として使っていることはよく知られている。

家畜等の餌にする昆虫は、ヒトが食べられない物を食べて育つ昆虫であることが望ましい。もしその昆虫がコメとかコムギなどヒトの主食になるようなものを食べなければ育たないとしたら、ヒトと昆虫の間で食物の取り合いが起こる。逆にその昆虫が工業廃棄物、動物屍体、排泄物など環境汚染を起こすようなものを食べて育つとすると、それらを餌としてその昆虫を大量飼育し、それを家畜などの餌にして肉の生産効率が上がればまさに排泄物処理と組み合わせて一石二鳥となる。中米のエル・サルバドルでは豚の屎尿でイエバエを飼い、老熟幼虫を魚(ティラピアやシクラリーマ)の餌にすることが試みられ、有望な結果が得られている。

中国ではニワトリ、魚、ブタ、ミンクの餌に昆虫を用いる研究が行なわれている。用いられている昆虫はイエバエの幼虫と蛹、カイコガ蛹、チャイロコメノゴミムシダマシ幼虫である。これらの昆虫の栄養価は高く、昆虫粉末を用いた飼料で飼われたニワトリは、卵の生産、卵の質、コストの点で魚粉を用いた飼料で飼われたニワトリより優れていた。ハエ幼虫を用いた餌で飼育したブタは成長が促進され、肉一ポンドの生産コストを引き下げた。またソウギョの当歳魚にハエを含む餌を与えたところ体重が増加し、生産コストが下がった。カイコガ蛹を食べさせたニワトリの体重増加は魚粉を食べさせたニワトリに劣ったが、餌が安いので、生産コストは下がった。カイコガ蛹を食べさせたミンクは毛のつやが良くなり毛皮の質が向上した。またカイコガ蛹を食べさせたブタは体重が増加したが肉にカイコガに由来する匂いがついた。しかし屠殺一カ月前にカイコガ蛹を食べさせることを止めれば匂いは残らなかった。チャイロコメノゴミムシダマシの幼虫を食べさせたニワトリでは、魚粉を食べさせたニワトリよりコストが安くなった。等々。いずれも好ましい結果が得られている。養鶏では糞の処理が大きな問題となっている。ニワトリの糞はその悪臭、高濃度の尿酸および非タンパク性窒素、低カロリーのため、動物飼料としてリサイクルすることはできない。しかしこの糞でイエバエを飼育すると、多量の栄養価の高い蛹が得られ、また幼虫が消化することによって糞の残渣は悪臭がなくなり、やわらかく、乾燥しやすい物質に変わる。イエバエの蛹を効率よく回収する方法はまだ開発されていないが、蛹と糞の残渣の混合物そのままでも十分ニワトリなどの餌として利用しうるという。

アメリカ産のスカシミズアブ *Hermetia illucens* はニワトリの糞で育ち、それ自体質の高い動物飼料となり、糞の残渣を半分に減らし、さらに家屋害虫であるイエバエの発生を抑えるという一石三鳥の働きをするという。二万羽のニワトリで試験をしたところ六月から一二月までの半年の間に一三トンの幼虫が得られた。幼虫は老熟するとひとりで糞から這い出してくるので、集めやすい。この幼虫は粗タンパク質四二%、脂肪三五%を含み、ブタ、ニワトリ、魚の餌になり、とくにブタはこの幼虫を好むという。このアブの成虫の習性はまだよくわかっていないが、ヒトの住居にはめったに入ってこない。幼虫はイエバエの産卵をさまたげ、もしイエバエがスカシミズアブ幼虫がたくさんいる糞に産卵しても、イエバエ幼虫は育たない。目下この糞処理、害虫防除、飼料生産の三拍子揃った昆虫利用が研究されている。

モルモンクリケット *Anabrus simplex* は乾燥重量の五八%に及ぶタンパク質を持っており、通常のトウモロコシ・大豆飼料の大豆の代わりにモルモンクリケット粉末を用いると、ブロイラーは顕著に成長が促進される。また、ニワトリの餌に使われている魚粉を脱脂したカイコガ蛹粉末で置き換えることも可能であるという。

このように肉用動物が昆虫を食べて育ったということを気にしないならば、昆虫を動物飼料として間接的に利用する方法もいいだろう。

今、時代はバイテク時代、ハイテク時代である。では昆虫食にもこれら先端技術を導入することができるだろうか。家畜ではすでに、体外受精、クローン（遺伝子構成が全く同じ個体、一卵性双生児もクローンである）の作出などの技術が確立され、実用化されている。昆虫でもその特性を変えるために、遺伝子を操作することが試みられている。遺伝子操作によりヒトに都合のいい性質を昆虫に付与する、あるいはそれをさらに推し進めて根本的に性質の異なった昆虫、すなわち新種トランス・ジェニック昆虫を作出するということが可能になろう。この技術が確立されればそれを食用昆虫に応用することも可能であろう。食用昆虫としてはどんな改変が考えられるのだろうか。たとえば遺伝子操作して昆虫を大きくすることが考えられる。昆虫は小さいものが多いので、まず大きな虫を作ることは昆虫食にとって有利であろう。昆虫の大型化は小規模であれば遺伝子操作でなくても、ホルモンによって行なうことができる。幼若ホルモンをカイコガ幼虫に投与すると大型化して大きな繭を作る。またハチノスツヅリガ幼虫に幼若ホルモンを投与すると大型の幼虫ができ、「バイオチャン」の名で釣りの餌として市販されている。しかしホルモンによる大型化には限度がある。根本的に大きな昆虫を作るには、遺伝子を操作するほかなかろう。しかし、昆虫を無制限に大きくすることはできない。キュウリくらいの大きさのイモムシが畑にごろごろしていたとしたら、「ちょっと気味が悪い」ではすまないのではなかろうか。また昆虫を大型にすれば、それだけ多くの物を食べ、発育に時間がかかることにもなろう。昆虫の長所、超自然的能力には、昆虫が小さいからこそ可能だというものが多い。そのような能力は、大きさを増やせば並行的に増加するということにはならないのである。大きさばかりでなく、味、風味、栄養などを遺伝子操作により、付与したり、増強したりすることも可能であろう。しかし香りはその昆虫が食べる餌に影響されるところが大きいので、遺伝子操作を使わなくても、その昆虫を特定の香りのある餌で飼うことにより、香り付けをすることができる。

これまで、食用という観点から昆虫の系統が選抜されたり、育種されたりしたことはない。そもそも昆虫でいわゆる品種改良が行なわれたのはカイコガとミツバチくらいで、蠟やラックを生産する昆虫も選抜くらいは行なわれたにしても、積極的な改良は行なわれていない。未来のタンパク質源として有望な昆虫が選定されれば、それの品質をさらに向上させるために、遺伝子操作を含む諸々の育種が行なわれ、より有用な食用昆虫が作られるようになるのではないかと期待される。

おわりに

一九八四年に私は『世界の食用昆虫』を古今書院から出版した。それ以前から昆虫食には興味を持っており、機会あるごとに昆虫料理を試食したり、また、文献など資料を集めていた。しかし「昆虫食」が私の研究テーマではなく、サイドワークとして手がけていたものであるため、世界中を回って各地の食虫習俗を調査し、試食することはできなかった。また私は「イカモノ食い」の趣味は持っていないので、試食した昆虫の種類は、市販されている食用昆虫の域を出ることができなかった。そのような事情のため、資料の取りまとめという点では一応成果があったと思うが、自分自身の体験による記述が少なく、迫力に欠けると感じた。おそらく読者の皆様も同じように感じられたのではないかと思う。そこで今回、平凡社のご好意で本書を出版するに当たって、何とか実体験に基づく記事を盛り込みたいと考え、数人の経験者の方がたに執筆をお願いした次第である。これによって本書はより生き生きとした内容を持つことができたと思い、ご多忙中心よく分担執筆を引き受けてくださった執筆者の方がたに心からお礼を申し上げる。また、本書の取りまとめに当たって、文献、その他の資料の提供等ご協力を賜った方がたには全執筆者に代わって厚く御礼申し上げる。

本書は読み物として企画したので、読みやすさを重視して、引用の出典を付記することを避けた。そのため引用文献リストがなく、より深く原典を参照されたい読者には不満であったかもしれないと思う。今後また機会があれば、資料、あるいは参考書としてまとめてみたいと思っている。

最近昆虫に興味を持つ人が増えてきているようで、昨年は昆虫食に触れた単行本が少なくとも五冊、そのほか雑誌も数冊出版されている。本書では、広く世界中の昆虫食に対する情報を集め、かつ最新の情報も取り込んであるので、他書では見られない情報も少なくないと自負している。またその点で、読者の期待に応えることができるのではないかと思う。

一九九七年三月

三橋　淳

平凡社ライブラリー版 あとがき

『虫を食べる人びと』の初版が出版されてから、もう一五年が経過した。その間多くの方が本書を読んでくださり、出版社にはもう残部がなくなった。そこで今回スタイルを変えて、平凡社ライブラリーの一冊として、再刊する企画が持ち上がり、本書が再び世に出ることになったことは、編著者として大変嬉しい。ソフトカバーで、判型も小さくなったので、持ち歩きも容易になり、乗り物の中で読むのも楽であろうと思う。しかし内容については、削除した部分はなく、また大幅な書き換えや書き足しも控え、初版校正で見落としたミスを訂正する程度にとどめて初版の内容を温存した。そのため、古くなった情報も若干ある。また、この一五年間には昆虫食の情報もかなり増えてきたが、それらの一部はすでにまとめられて出版されているので、ここではそれらの新情報を取り込むことはしなかった。

本書は、数人の方に分担執筆していただいている。そこで再刊にあたっては分担執筆者にも了解を得て行なったが、鈴木芳久氏だけは連絡が取れなかった。いずこかで元気にお過ごしになっておられることを願うものであるが、本書の再刊をお知りになった時は、連絡がつかないまま再刊したことをご了承いただきたいと思う。

最近では、一般に昆虫食に関心を持つ人が増えてきたように思われるので、本書がさらに多くの人に読まれ、昆虫食に対する偏見がなくなり、昆虫食が正しく評価されるようになることを期待する。

三橋　淳

解説――昆虫食の多様性と奥の深さ

小西正泰

近年、日本は「飽食の時代」にあるといわれてきた。それは、半世紀あまり前の戦中・戦後の食糧事情をかえりみると、信じられないほどの変化であると思う。当時は水田やその周辺で採れるイナゴなどは動物性タンパク源として珍重されたものである。ところが近年では、昆虫を食べるのは、いかもの食いとか悪食《あくじき》とかいわれるようになった。まれなケースとなったために、逆に珍味、グルメと見られることもあったが、「食虫」はふつう、変わった食習慣と見られることになったのである。ただ一方、日本人は好奇心や知的な志向も強いので、最近は昆虫食の民俗や食道楽などに興味を抱く人も再び増えてきたように思う。

私事にわたるが、私は幼少のころから大の虫好きで、昆虫少年時代を経て、大学では昆虫学を専攻し、今日まで昆虫にかかわる人生を送ってきた。そして、前半生は昆虫分類学、後半生は昆虫学史、昆虫文化誌（文化昆虫学）、害虫防除技術史などを専攻している。そして、食虫習俗の研究も文化昆虫学の文脈に沿ったものである。これには学生時代、イスラエルの碩学F・S・ボーデンハイマー博士の古典的名著『人間の食料としての昆虫——人類生態学の一章』(一九五一)を入手して読み、その博識と数か国語にわたる一次資料の読解力に深く感銘を受けたことが大きくあずかっている。以来、食虫は私の主要なターゲットの一つとなった。

その私にとっては歓迎すべきことであるが、このところ食虫に関する著作の出版が相次いでいる。本書の元本、三橋淳編著『虫を食べる人びと』(一九九七、平凡社)の占める位置や意義をとらえるために、その流れを概観してみよう。

まず、三橋氏の前著『世界の食用昆虫』(一九八四、古今書院、二七〇頁)を挙げよう。この本は、刊行時点で邦語では最大の食虫書であり、巻末の文献表も最精のものであった。同氏はその後十余年を経て、本書『虫を食べる人びと』を刊行した。本書には、編著者三橋氏のほかに六名の著者が加わっている。それだけに、新鮮で臨場感のあるグローバルな食虫の読み物になっている。この本は、国内で食虫への関心をさらに喚起し、食虫本が相次いで刊行されるきっかけともなった。

日本で昆虫の食材といえば、かつてイナゴ、蜂の子(地蜂)、ざざ虫(天竜川名産の川虫の幼虫)、カイコのさなぎ、鉄砲虫(カミキリムシの幼虫)、セミ(幼虫、成虫)などが主なものであった。けれども、戦後日本の自然環境の悪化などから材料の入手が難しくなったり、日本人の食生活も米食一辺倒からパンや麺類などに多様化したりして、昆虫の食材への関心も大きく様変わりした。かつて歓迎されていたイナゴの佃煮なども、その人気は凋落してきた。それにかわって台頭してきたのがクロスズメバチ類(地蜂、ヘボ、すがり、すがれ)や大形のスズメバチ類である。

まず、ヘボは地中につくられる巣を見つけて掘り出し、その中からハチの幼虫、さなぎをつまみ出し調理して食べる。農山村で、ハチの成虫を新鮮なイカなどの肉でおびき寄せ、その体に白い糸片状の目印を結び付けて、飛んで行くのを人間がトランシーバーなどで連絡をとり合いながら追いかけ、ついに巣のある場所を突きとめる。そしてその地面の穴に花火などを入れていぶし、ハチの成虫を麻痺《まひ》させ、人体への攻撃を防止してから、地中の巣を掘り出すのである。その情況は作家の井伏鱒二著『スガレ追ひ』(一九七七、筑摩書房)に詳しい。

この一連のチーム・ワークによる活動はレクリエーションにもなり、農山村の年中行事にもなっている。この作業にはノウハウもあり、団体のなかでベテランが選出されて「ヘボ採り名人」と尊称されることもある。

ヘボ採りが特に盛んなのは岐阜、愛知、長野、山梨、静岡の各県で、それぞれローカルな愛好会や研究会ができている。一九九七年には、その情報交換や親睦を兼ねて、岐阜県串原村(現在は恵那市に編入)において全国地蜂サミットが開かれ、約一六〇名が参加した。のち一九九九年には、串原村においてこれらの団体が全国地蜂連合会を設立した（当時、一七団体、会員七二〇名）。会の目的はハチと人の共生関係が永続するよう、へボの保護、増殖運動を柱として、地域の活性化に貢献することなどである。

地元の研究家による本も刊行されている。手元には次の二点がある。西尾亮平『へボ（地蜂）騒動記――その生態と魅せられた人々』（一九九九、岐阜県瑞浪市・自刊、二二一頁）。安藤啓治『だから「へぼ」はやめられない！』（二〇〇九、名古屋市・風媒社、一七三頁）。

二〇〇五年九月二三―二四日、串原で、くしはらへボ愛好会・全国地蜂連合会と生き物文化誌学会の共催で講演会、記念碑除幕式、へボ増殖見学、へボ追い実習などが行なわれた。生き物文化誌学会からは三橋淳、梅谷献二、河合省三、小西正泰など昆虫学者が参加した。この会合はへボ研究の元締め、野中健一が企画、実施したもので、盛大であった。夕食ではへボやオオスズメバチの幼虫がいろいろな調理法によって賞味できて、一同大満足であった。

野中氏はへボ関連の本を相次いで出版しているので、次に書名を紹介する。『民族昆虫学――昆虫食の自然誌』（二〇〇五、東京大学出版会、二〇二頁）。『虫食む人々の暮らし』（二〇〇七、日本放送出版協会、二一九頁）。『昆虫食先進国ニッポン』（二〇〇八、亜紀書房、二九四頁）。『虫はごちそう！』（二〇〇九、小峰書房、一八三頁）。

これらの本のおかげで、へボは地方区から全国区に進出することができたと思う。

ヘボと同じ科の大形肉食性のスズメバチの食虫本を挙げておく。松浦誠『スズメバチはなぜ刺すか』(一九八八、北海道大学図書刊行会、食虫は一〇九―一三八頁)。同『スズメバチを食べる――昆虫食文化を訪ねて』(二〇〇二、北海道大学図書刊行会、三二二頁)。

さらに、この間に刊行された昆虫食に関する本を三冊、紹介しておきたい。梅谷献二『虫を食べる文化誌』(二〇〇四、創森社、三一九頁)。この本は、文章家としても知られ、本書の執筆者の一人でもある昆虫学者のエッセイ集である。全三章のうち食虫関連は第二章「虫食う人も好きずき――この大いなる食料資源」(九五―二五三頁)。国内外の食虫習俗が話題になっている。日本、中国(雲南省、四川省)、インドシナ、タイ、アフリカ(ザンビア)、アメリカ、そのほか薬用昆虫などにも触れ、内容は多彩である。現地でとった珍しい写真も多い。

篠永哲《さとし》・林晃史《あきふみ》『虫の味』(一九九六、八坂書房、二二二頁)。著者はいずれも衛生昆虫学者である。そこで昆虫の食材も〝常識的〟なものから、アメリカシロヒトリ(外来種の毛虫)、ユスリカの幼虫(ボウフラ)、シラミなど異色の虫にまで及んでいる。なお、この本には、原則として調理法も書いてある。

内山昭一『楽しい昆虫料理』(二〇〇八、ビジネス社、二四五頁)。著者は昆虫料理研究家。東京・JR阿佐ヶ谷駅前「よるのひるね」で定期的に試食会を開催する。和・中華・韓国・エスニック、スイーツ(和・洋)の昆虫メニューとレシピが書かれているユニークな本である。内山氏はまた最近、『昆虫食入門』(二〇一二、平凡社新書) なる本を出している。

さて、食用昆虫の大御所、三橋氏自身は、その後もインターネットなども駆使してグローバルに食虫情報を集め、それを選別して国ごとに整理した大著『世界昆虫食大全』(二〇〇八、八坂書房、四〇三頁) を著した。巻末の「引用文献」は三四七—三八〇頁、「索引」は三八一—四〇三頁。世界で最も周到に編著された昆虫食の成書であるといってよい。

著者はさらに余勢をかって『昆虫食古今東西』(二〇一〇、工業調査会、二九一頁) という一般向けの本を著した。この本は内容も平明な読み物になっているから、前記の『大全』と併読すると便利であろう。

こうした昆虫食に関する著作の中で、本書は、今日でも「新知識」としての意義を失っていない。昆虫食の多様性と奥の深さがコンパクトな本の中に凝縮されている。

ある食文化は一朝一夕で成立し、根付くものではなく、その周辺の事情を探るだけでも、尽きせぬ知的興奮がかき立てられるであろう。たとえば、本書第三章「日本の昆虫食」を見ても、他書には見られないような事績が掘り起こされている。

三橋氏は、「昆虫食への誘い」(*BIOSTORY* 一五号、二〇一二年、四二—五一頁) というエッセイにおいて、遠未来に人が他の天体 (火星など) に移住するようになったときにも、昆虫食が有用であるという。それには二つの利用法がある。まず、宇宙船内での食材 (動物性タンパク質）には、昆虫の細胞を取り出し、ガラス器中の培養液に浸して増殖させた「培養細胞」を利用する。これは無限に増殖し続ける細胞集団である。ただし、この培養液が高価に過ぎることが実用化上のネックになる。

もう一つの昆虫食利用の場は、他天体上での動物性タンパク質生産である。ここでは、人間は与圧された温室ドーム様のものを建造して生活することになる。そして、昆虫がその食材の一つとして考えられている。たとえば、その天体における廃棄物で飼育できるハエ類の幼虫（ウジ）を食用にする。その飼料には動物（ヒトも含む）の非可食部分や遺骸《いがい》も利用される。つまり、その天体での廃棄物のリサイクルと食料供給のため、ハエの幼虫が利用できるというのである。

こうして小さな虫たちに託された夢は限りなく広がってゆく。偉大なるかな「昆虫力」！

ちなみに、三橋氏の専門は昆虫生理学で、中核のテーマは「昆虫の細胞養殖」であり、『昆虫の細胞を育てる』（一九九四、サイエンス・ハウス、一六五頁）、『昆虫の細胞に魅せられて』（一九九六、三橋淳教授退官記念事業会、三二二頁）などの著書もある。

（こにし　まさやす／昆虫学）

初出一覧

第三章―一、昆虫食の歴史……田中 誠
「食物としての虫」、『虫の日本史』（一九九〇年、新人物往来社）
第三章―二、現代の日本で食べられている虫……三橋 淳
「虫を食べる人々②」、『月刊百科』（一九九六年三月号、平凡社）
第四章―二、食虫習俗見聞記……梅谷献二
「中国で食べた昆虫料理」、『インセクタリウム』（一九九四年八月号、㈶東京動物園協会）
第五章―二、タイの食虫習俗今昔……桑原雅彦
「虫を食べる風習」、『遺伝』（一九九七年一月号、裳華房）
第五章―三、パプアニューギニアのサクサク・ビナタン……三橋 淳
「虫を食べる人々①」、『月刊百科』（一九九六年一月号、平凡社）
第六章 オーストラリアとオセアニア諸島の昆虫食……三橋 淳
「虫を食べる人々④」、『月刊百科』（一九九六年七月号、平凡社）
第七章―四、メキシコの多彩な食虫とレストラン料理……三橋 淳
「虫を食べる人々③」、『月刊百科』（一九九六年五月号、平凡社）

執筆者略歴

三橋　淳（みつはし・じゅん）
一九三二年生まれ。東京大学農学部卒。農学博士。農林省農業技術研究所、林業試験場、東京農工大学農学部教授、東京農業大学バイオサイエンス学科教授を経て、現在フリーの昆虫研究者、農学アカデミー会員。昆虫生理学専攻。『世界の食用昆虫』『昆虫の細胞を育てる』『昆虫学大事典』（総編集）『世界昆虫食大全』『昆虫食古今東西』、その他分担執筆著書多数。

田中　誠（たなか・まこと）
一九四九年生まれ。東京農業大学農学部卒。元東京都職員。現在はフリーで文化昆虫学、昆虫学史を研究。『彩色江戸博物学集成』『昆虫学大事典』『野外の毒虫と不快な虫』（いずれも分担執筆）など著作多数。

茅　洪新（マオ・ホンシン）
一九五七年生まれ。東京農工大学連合農学研究科卒。農学博士。中国南京林業大学講師を経て、一九八八年来日。㈱環境管理センター基礎研究員、東京農工大学農学部訪問研究員、中国科学院上海昆虫研究所教授などを歴任。現在㈱アイエムに勤務。昆虫生態学専攻。

梅谷献二（うめや・けんじ）
一九三一年生まれ。北海道大学農学部博士課程修了。農学博士。農林水産省農業研究センター総合研究官、同果樹試験場長を経て、現在㈱農業・食品産業技術総合研究機構フェロー。応用昆虫学専攻。『虫の民俗誌』『虫の博物誌』『虫を食べる文化史』『虫けら賛歌』など著書多数。

桑原雅彦（くわはら・まさひこ）
一九四二年生まれ。名古屋大学農学部修士課程修了。農学博士。農林水産省蚕糸試験場、農業技術研究所、野菜試験場、熱帯農業研究センター、農業環境技術研究所上席研究官を経て、現在㈳国際農林業協働協会技術参与。昆虫毒物学専攻。『薬剤抵抗性』（共著）などの著作がある。

鈴木芳久（すずき・よしひさ）

一九二〇年生まれ。日本大学専門部卒。戦前鉄道省、朝鮮鉄道局に勤務、応召を経て、戦後㈱鉄道工業、㈱永楽電気などに勤務の後、㈱永進電気を設立。代表取締役社長、会長を務めた。

杉山祐子（すぎやま・ゆうこ）

一九五八年生まれ。筑波大学大学院歴史・人類学研究科博士課程単位取得退学。京都大学博士（地域研究）。筑波大学歴史・人類学系助手を経て、現在弘前大学人文学部教授。生態人類学専攻。

掛谷誠・伊谷樹一編『アフリカ地域研究と農村開発』（共著）、河合香吏編『集団』（共著）、「離婚したって大丈夫——ファーム化の進展による生活の変化とベンバ女性の現在」ほか、論文多数。

平凡社ライブラリー　762

虫《むし》を食《た》べる人《ひと》びと

発行日…………2012年5月10日　初版第1刷

編著者…………三橋 淳
発行者…………石川順一
発行所…………株式会社平凡社
〒101-0051　東京都千代田区神田神保町3-29
電話　東京(03)3230-6579[編集]
東京(03)3230-6572[営業]
振替　00180-0-29639

印刷・製本 ……中央精版印刷株式会社
DTP…………エコーインテック株式会社＋平凡社制作
装幀……………中垣信夫

ISBN978-4-582-76762-9
NDC 分類番号486
B6変型判（16.0cm）　総ページ300

平凡社ホームページ　http://www.heibonsha.co.jp/

平凡社ライブラリー　既刊より

【世界の歴史と文化】

白川　静……………………………文字逍遥
白川　静……………………………文字遊心
白川　静……………………………漢字の世界1・2——中国文化の原点
一海知義……………………………漢詩一日一首〈春〉
一海知義……………………………漢詩一日一首〈夏〉
一海知義……………………………漢詩一日一首〈秋〉
一海知義……………………………漢詩一日一首〈冬〉
一海知義……………………………史記
司馬遷………………………………史記列伝一・二・三
川勝義雄……………………………中国人の歴史意識
竹内照夫……………………………四書五経入門——中国思想の形成と展開
アンリ・マスペロ…………………道教
マルコ・ポーロ……………………完訳 東方見聞録1・2
中村　元……………………………釈尊の生涯
姜在彦………………………………増補新訂 朝鮮近代史

岡　百合子……中・高校生のための朝鮮・韓国の歴史
安宇植 編訳……増補　アリラン峠の旅人たち——聞き書　朝鮮民衆の世界
川北　稔……洒落者たちのイギリス史——騎士の国から紳士の国へ
藤縄謙三……ギリシア文化と日本文化——神話・歴史・風土
北嶋美雪 編訳……ギリシア詩文抄
ホメーロス……イーリアス　上・下
ピロストラトス……英雄が語るトロイア戦争
河島英昭……イタリアをめぐる旅想
饗庭孝男……石と光の思想——ヨーロッパで考えたこと
H・フィンガレット……孔子——聖としての世俗者
野村雅一……ボディランゲージを読む——身ぶり空間の文化
多田智満子……神々の指紋——ギリシア神話逍遙
矢島　翠……ヴェネツィア暮し
今橋映子……異都憧憬　日本人のパリ
中野美代子……中国の青い鳥——シノロジー雑草譜
小池寿子……死者たちの回廊——よみがえる〈死の舞踏〉
E・E・エヴァンズ=プリチャード……ヌアー族

E・E・エヴァンズ＝プリチャード……ヌアー族の宗教　上・下
川田順造……口頭伝承論　上・下
黄慧性＋石毛直道……新版　韓国の食
斎藤　眞……アメリカとは何か
ジョン・スタインベック……アメリカとアメリカ人――文明論的エッセイ
青山　南……短編小説のアメリカ52講――こんなにおもしろいアメリカン・ショート・ストーリーズ秘史
入江　昭……増補　米中関係のイメージ
クシシトフ・ポミアン……増補　ヨーロッパとは何か――分裂と統合の1500年
ジェローラモ・カルダーノ……カルダーノ自伝――ルネサンス万能人の生涯
オウィディウス……恋の技法［アルス・アマトリア］
三浦國雄……風水　中国人のトポス
前嶋信次……アラビアン・ナイトの世界
前嶋信次……アラビアの医術
松原正毅……遊牧の世界――トルコ系遊牧民ユルックの民族誌から
毛沢東……毛沢東語録
J・A・コメニウス……世界図絵
谷　泰……牧夫フランチェスコの一日――イタリア中部山村生活誌

鶴岡真弓……………………ジョイスとケルト世界――アイルランド芸術の系譜
川崎寿彦……………………森のイングランド――ロビン・フッドからチャタレー夫人まで
J・J・ヨルゲンセン……………アシジの聖フランシスコ
山形孝夫……………………砂漠の修道院
【自然誌・博物誌】
今西錦司……………………生物社会の論理
今西錦司……………………遊牧論そのほか
伊谷純一郎…………………チンパンジーの原野――野生の論理を求めて
河合雅雄……………………サルの目 ヒトの目
奥野良之助…………………金沢城のヒキガエル――競争なき社会に生きる
日高敏隆……………………人間についての寓話
中西悟堂……………………愛鳥自伝 上・下
別役 実……………………けものづくし――真説・動物学大系
別役 実……………………鳥づくし――［続］真説・動物学大系
奥本大三郎 編著……………百蟲譜
デズモンド・モリス …………ふれあい――愛のコミュニケーション
R＆D・モリス ………………人間とヘビ――かくも深き不思議な関係

フランス・ドゥ・ヴァール……政治をするサル——チンパンジーの権力と性
チャールズ・ダーウィン……ミミズと土
J・H・ファーブル……ファーブル植物記 上・下
篠遠喜彦＋荒俣 宏……楽園考古学——ポリネシアを掘る
蜂須賀正氏……南の探検
香原志勢……顔と表情の人間学
L・ポーリング……ポーリング博士のビタミンC健康法
澁澤龍彦……フローラ逍遙
串田孫一……博物誌 上・下
串田孫一……串田孫一エッセイ選 Eの糸切れたり
尾崎喜八・串田孫一 ほか……自然手帖 上・下
斎藤たま……野にあそぶ——自然の中の子供
H・シュテュンプケ……鼻行類——新しく発見された哺乳類の構造と生活
R・カーソン……海辺——生命のふるさと
米沢富美子＋立花 隆……ランダムな世界を究める——物質と生命をつなぐ物理学の世界
池田光男＋芦澤昌子……どうして色は見えるのか——色彩の科学と色覚
大熊 孝……増補 洪水と治水の河川史——水害の制圧から受容へ